**Jürgen Hoffmann**

30 Minuten

# Scrum

Bibliografische Information der Deutschen Nationalbibliothek

Die Deutsche Nationalbibliothek verzeichnet diese Publikation in der Deutschen Nationalbibliografie; detaillierte bibliografische Daten sind im Internet über http://dnb.d-nb.de abrufbar.

ISBN 978-3-96739-079-7

Umschlaggestaltung: die imprimatur, Hainburg
Umschlagkonzept: Martin Zech Design, Bremen
Lektorat: Eva Gößwein, Berlin
Abbildungen: Jürgen Hoffmann
Autorenfoto: Frank Hügle
Satz: Zerosoft, Timisoara (Rumänien)
Druck und Verarbeitung: Salzland Druck, Staßfurt

Wir drucken in Deutschland.

www.gabal-verlag.de
www.gabal-magazin.de
www.twitter.com/gabalbuecher
www.facebook.com/Gabalbuecher
www.instagram.com/gabalbuecher

PEFC zertifiziert
Dieses Produkt stammt aus nachhaltig bewirtschafteten Wäldern und kontrollierten Quellen.

www.pefc.de

# In 30 Minuten wissen Sie mehr!

Dieses Buch ist so konzipiert, dass Sie in kurzer Zeit prägnante und fundierte Informationen aufnehmen können. Mithilfe eines Leitsystems werden Sie durch das Buch geführt. Es erlaubt Ihnen, innerhalb Ihres persönlichen Zeitkontingents (von 10 bis 30 Minuten) das Wesentliche zu erfassen.

### *Kurze Lesezeit*

In 30 Minuten können Sie das ganze Buch lesen. Wenn Sie weniger Zeit haben, lesen Sie gezielt nur die Stellen, die für Sie wichtige Informationen beinhalten.

- Schlüsselfragen mit Seitenverweisen zu Beginn eines jeden Kapitels erlauben eine schnelle Orientierung: Sie blättern direkt zu dem Thema, das Sie besonders interessiert.

- *Zahlreiche Zusammenfassungen innerhalb der Kapitel erlauben das schnelle Querlesen.*

- Ein Fast Reader am Ende des Buches fasst alle wichtigen Aspekte zusammen.

- Ein Register erleichtert das Nachschlagen.

# Inhalt

# Vorwort

Warum sollten Sie sich mit Scrum beschäftigen? Scrum ist seit einigen Jahren der Standard in der Produktentwicklung. Im Jahr 2020 gaben von weltweit mehr als 40.000 befragten Führungskräften, Anwendern und Beratern 75 Prozent an, dass sie Scrum einsetzen (digital.ai, 2020), und das umfasst praktisch jede Branche bis hin zu Non-Profit-Organisationen. Dabei nutzen große Firmen mit mehr als 20.000 Mitarbeitern Scrum schon länger als fünf Jahre – während mittelständische Unternehmen mit weniger als 1000 Mitarbeitern Scrum viel intensiver quer durch viele Funktionsbereiche einsetzen.

Die Fähigkeit, mit wechselnden Prioritäten gut umzugehen, ist die am häufigsten genannte Motivation für den Einsatz von Scrum. Dicht gefolgt von Transparenz in der Produktentwicklung, besserer Kooperation zwischen Geschäftsbereichen und IT, schnellerer Time-to-Market, höherer Team-Motivation und Produktivität sowie der Verringerung von Risiken und besseren Prognosen in der Produktentwicklung. Wenn Sie auch nur eines dieser Themen interessiert, dann ist dieses Buch für Sie der ideale Einstieg. An einigen Stellen im Text habe ich Verweise auf Bücher und kostenlos verfügbare Spezialliteratur hinzugefügt, falls Sie nach dem Einstieg noch etwas tiefer bohren möchten.

Bei der Benennung und Schreibweise der Scrum-Fachbegriffe folge ich den Übersetzern der deutschen Ausgabe des Scrum Guides vom November 2020. Dort ist auf den letzten zwei Seiten ein Glossar mit den entsprechenden für den deutschen Sprachraum empfohlenen Begriffen veröffentlicht.

Aufgrund des kompakten Buchformats nutze ich bei Pluralformen in der Regel das generische Maskulinum, bei Beispielen im Singular wechsle ich zwischen männlichen und weiblichen Formen. In jedem Fall beziehen sich die Aussagen auf alle Geschlechter.

Viel Erfolg mit Scrum wünscht Ihnen

*Dr. Jürgen Hoffmann*
*www.emendare.de*

# 30 MINUTEN

**Welche Erfolgsfaktoren der Produktentwicklung liegen Scrum zugrunde?**

**Warum ist Scrum vor allem für komplexe Aufgaben geeignet?**

**Welche Werte sind wichtig, um Scrum erfolgreich einzusetzen?**

# 1. Was ist Scrum?

Um größere Ziele zu erreichen, schließen sich Menschen seit Jahrtausenden in Organisationen zusammen. Über Jahrhunderte strukturierten sich große Organisationen in Einliniensystemen. Jeder Mensch hat genau einen Vorgesetzten und die Kollegen haben eine ähnliche Ausbildung und vergleichbare Tätigkeiten. Frederick Taylor beschreibt in seinem Hauptwerk „The Principles of Scientific Management" die dazu passende Trennung von Denken und Handeln als die Aufteilung in Aufgaben von Management und Aufgaben der Arbeiterschaft. Er vertrat die Ansicht, dass der Arbeiter nicht fähig wäre, die beste Arbeitsmethode zu finden. Dieses Unterfangen müsse mit wissenschaftlichen Methoden von Spezialisten im Management durchgeführt werden. Scrum hingegen ist ein Ansatz, der das Denken und Handeln wieder an einer Stelle – im Scrum Team – zusammenführt. Ziel ist es, komplexe Probleme der Produktentwicklung schneller zu lösen und aus einer Kommunikation zwischen Bereichen, Abteilungen und Teams – aus der Inter-Team-Kommunikation – eine Intra-Team-Kommunikation zu machen.

# 1.1 Die „Entdeckung" von Scrum

Traditionelle Produktentwicklung ist mit einem Staffellauf vergleichbar. Spezialisten eines Fachgebiets geben den Staffelstab an die nächsten Spezialisten sequenziell weiter. Takeuchi und Nonaka veröffentlichten 1986 im Harvard Business Review (Takeuchi, 1986) eine Analyse der Produktentwicklungsprozesse erfolgreicher Produkte aus der Mitte der 1970er-Jahre. Sie entdeckten gemeinsame Muster und benutzten Rugby als Metapher für die neue Art der Produktentwicklung, bei der der Entwicklungsprozess aus der ständigen Interaktion von Spezialisten verschiedener Fachrichtungen entsteht. Das multidisziplinäre und handverlesene Team arbeitet von der ersten bis zur letzten Minute der Produktentwicklung zusammen. Der Wechsel zu einem solchen integrierten Ansatz ermöglicht schnelles Lernen und neue Denkansätze auf allen Ebenen der Organisation. Damit ist er auch ein Katalysator für marktangepasste Organisationsveränderungen.

**Was hat Scrum mit Rugby zu tun?**
Dass Scrum auf die Rugby-Metapher von Takeuchi und Nonaka zurückgeht, verrät schon der Begriff: „Scrum" ist eine Bezeichnung aus dem Rugby-Sport und bedeutet „Gedränge".

## *Sechs Erfolgsfaktoren*

Nonaka und Takeuchi identifizierten in diversen Firmen wie zum Beispiel Honda, Epson, Fuji-Xerox, Canon und 3M sechs Erfolgsfaktoren. Diese führenden Unternehmen setzten Mitte der 1970er-Jahre mit Scrum auf folgende ineinandergreifende und sich ergänzende Erfolgsfaktoren beim Management ihrer Produktentwicklungsprozesse:

### 1. Eingebaute Instabilität

Die Unternehmensführung gibt nur ein sehr grobes Ziel oder eine strategische Richtung in Kombination mit herausfordernden Rahmenbedingungen vor. Alle Details bleiben in der Hand des Produktentwicklungsteams, das in einem täglichen Ringen um das tatsächlich Mögliche die Grenzen weitersteckt. Das Team startet aus einem Zustand von „Zero Information" und erarbeitet sich immer weiter reichendes Wissen.

### 2. Selbstorganisierende Teams

Man erkennt ein selbstorganisierendes Team an drei charakteristischen Merkmalen:

- **Autonomie** – es hat oder entwickelt alle Fähigkeiten, um zu liefern.
- **Gegenseitige Inspiration** – es besteht aus einer breiten Mischung von Spezialisten und Persönlichkeiten.
- **Selbsttranszendenz** – es reicht über sich selbst hinaus und verschiebt scheinbar unerreichbare Grenzen in der Produktentwicklung immer weiter.

### 3. Überlappende Entwicklungsphasen

Der sehr herausfordernde Zero-Information-Start-punkt zwingt die Teammitglieder, all ihr Wissen auf den Tisch zu bringen, um gemeinsam den nächsten Schritt zu gehen. Marktinformationen und technische Details spielen von der ersten Minute an zusammen und es entsteht ein gemeinsamer Rhythmus und ein perfektes Zusammenspiel aller beteiligten Experten.

### 4. Lernen auf allen Führungsebenen und in allen Fachrichtungen

Beschleunigtes individuelles Lernen und Gruppenler-nen werden gefördert durch den Blick über den Teller-rand und herausfordernde Ziele, die den äußersten Einsatz von Kreativität fordern. Der Erwerb von Wis-sen außerhalb der eigenen Spezialisierung wird geför-dert und ist erwünscht.

### 5. Fast unmerkliche Kontrolle

Kontrolle findet nicht durch Kontrolle der Tätigkeiten statt – das Management übt Kontrolle eher über die Gestaltung von Rahmenbedingungen aus. Nonaka und Takeuchi haben folgende Beispiele dafür zusammenge-stellt:

- Wie sind Teams zusammengesetzt?
- Unterstützt die Arbeitsumgebung Zusammenarbeit?
- Wann haben die Ingenieure das letzte Mal mit einem Kunden gesprochen?
- Führung durch Teamziele statt individueller Ziele.

- Etablieren einer offenen Fehlerkultur, in der Fehler als Lernmomente begriffen werden.
- Das Belohnen der Selbstorganisation von Zulieferern – sie erhalten den Auftrag, Probleme zu lösen, statt vorgedachte Lösungen anzufertigen.

### 6. Unternehmensweiter Wissenstransfer

Die Mitarbeiter geben ihr neu gelerntes Wissen innerhalb des Unternehmens gerne weiter – wenn das Management Kontaktmöglichkeiten schafft. Erfahrungen werden auch institutionalisiert. Wobei man da vorsichtig sein muss: Unter sich plötzlich ändernden Bedingungen können Lehren der Vergangenheit hinderlich sein. Es braucht einen Wechsel von Lernen und Abgewöhnen von Vertrautem, um in sich schnell wandelnden Märkten zu bestehen.

### *Die Entdeckung von Scrum für Software*

1993 formte Jeff Sutherland das erste Scrum Team bei der Easel Corporation. 1995 präsentierte Ken Schwaber die Erfahrungen mit Scrum in der Softwareentwicklung auf der OOPSLA-Konferenz. In den Jahren seitdem ist Scrum von der Agile Community weiterentwickelt worden. Unzählige Beiträge von Anwendern und viele Konferenzen haben geholfen, Scrum zu verbessern und auf der ganzen Welt bekannt zu machen.

*Scrum ist nicht am Reißbrett entstanden. Es ist die kondensierte Erfahrung aus der Entwicklung*

*Tausender Produkte. Sein erfolgreicher Einsatz setzt ein auf gegenseitigem Vertrauen basierendes Zusammenspiel von Management und Produktentwicklungsteams voraus.*

## 1.2 Wann ist Scrum sinnvoll?

Nicht in jeder Situation ist der Einsatz von Scrum sinnvoll. Ein Denkmodell, um sinnvolle Einsatzszenarien zu identifizieren, stammt aus frühen Versionen des Buches „Strategic Management and Organisational Dynamics" von Ralph Stacey.

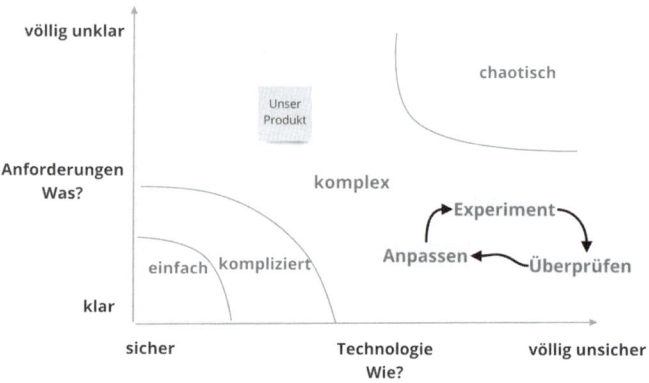

*Abb. 1: Die Stacey-Matrix*

Die den Denkraum aufspannenden Achsen sind die Fragen nach dem „Was" (den Anforderungen) und dem

„Wie" (der Technologie) der zu bewältigenden Herausforderung. Im Bild erkennen wir nahe des Ursprungs beider Achsen die einfache Domäne. Hier geht es um sich wiederholende einfache Tätigkeiten, wie sie zum Beispiel in der Produktion am Fließband anfallen.

**Beispiel:** *Als Student habe ich im Mercedes-Werk in Wörth am Rhein in der Fahrerhaus-Produktion mitgearbeitet. Alles, was ich für diesen Job – Einbau von Mittelkonsolen – wissen musste, hatten mir meine beiden Kollegen an der Fließbandstation innerhalb eines Tages beigebracht.*

Wenn das zu lösende Problem etwas weiter weg vom Ursprung verortet ist, liegt es im Modell in der komplizierten Domäne. Hier ist eine Analyse einer Expertin erforderlich. Sie wird dann einen Plan entwickeln. Wenn die richtigen Mitarbeiter diesen Plan korrekt ausführen, wird er funktionieren.

Ganz anders die Situation sehr weit weg vom Ursprung: Wir wissen weder annähernd, was das Produkt können soll, noch haben wir die leiseste Idee, mit welcher Technologie eine Umsetzung gelingen kann. Vielleicht müssen wir die Technologie erst erfinden? Das ist die chaotische Domäne – manchmal auch Forschung oder Vision genannt. Bei dieser Art von Herausforderung braucht es ein paar Ansagen, um zum Beispiel auf der „Was"-Achse näher an den Ursprung zu gelangen.

**Beispiel:** *Die Firma SpaceX wurde gegründet, um der Menschheit zu ermöglichen, den Mars zu kolonisieren. Zum Gründungsdatum im Juni 2002 war die Herausforderung in der chaotischen Domäne. Der wichtige Shift in* *die komplexe Domäne gelang durch den Fokus auf: „Baut erst mal eine Rakete, die starten und wieder landen kann. Über den Mars sprechen wir später."*

In der komplexen Domäne sind die Probleme lösbar durch einen Zyklus aus Experiment, einem Schritt der Überprüfung und einer anschließenden Anpassung des Experiments. Wie wir später sehen werden, realisiert Scrum einen solchen Zyklus.

### Kompliziert oder komplex?

Im Scrum-Training werde ich oft nach dem genauen Unterschied zwischen „kompliziert" und „komplex" gefragt. Dazu ein Beispiel:

- **Kompliziert:** In der komplizierten Domäne kann die Expertin tatsächlich einen realistischen Plan machen. Sie fügt noch eine Liste mit zu klärenden Fragen hinzu und sobald die Mitarbeiter diese Liste abgearbeitet haben, steht der Plan fest.
- **Komplex:** In der komplexen Domäne hilft uns diese Analyse nur für einen sehr kleinen Schritt, weil dann auf einmal unsere Liste mit offenen Fragen um neue Fragen ergänzt wird. Im Komplexen ist es prinzipiell nicht möglich, einen Plan zu machen, der den gesamten Weg bis zur Lösung Bestand hat. Wir müssen ihn ständig neu anpassen und immer wieder neue Experimente vornehmen, die zu Beginn nicht absehbar waren. Das Ziel bewegt sich vor unseren Augen. Retrospektiv betrachtet sehen wir die Evolution der exzellenten Lösung – die man vorwärts in die Zukunft nicht planen konnte. Überall fehlten Daten und Erfahrungen, über die wir am Ende der Entwicklung verfügen.

Da Scrum den abgebildeten Zyklus aus „Experiment", „Anpassen" und „Überprüfen" realisiert, ist es sinnvoll, Scrum in der komplexen Domäne einzusetzen. Hierbei ist es wichtig, zu verstehen, dass Produktentwicklung immer aus einer Mischung von einfachen, komplizierten, komplexen oder auch chaotischen Herausforderungen besteht. Wenn der Schwerpunkt im Komplexen liegt, ist der Einsatz von Scrum empfehlenswert. Und das ist der Erfahrung nach bei der Entwicklung wirklich neuer Produkte der Fall.

Dabei kann es sein, dass ein Produkt seinen Lebenszyklus in der chaotischen Domäne beginnt. Eine vage Idee – noch sehr unscharf – ist entstanden. Mit der Fokussierung auf einen Markt, eine Kundengruppe oder eine bestimmte Technologie bewegt sich das Produkt in die komplexe Domäne. Extrem beschleunigtes Lernen während der Entwicklung hilft uns, den entscheidenden Vorteil vor der Konkurrenz herauszuarbeiten.

Irgendwann ist das Produkt bei vielen Kunden im Einsatz. Es findet noch Produktpflege im geringen Umfang statt. Erfahrung und stabile Messwerte helfen jetzt, wo das Produkt in der komplizierten Domäne angekommen ist. Ein Kundenproblem kann von einem der Produktexperten analysiert und einer Kundin kann eine wasserdichte Reparaturanleitung oder ein funktionierender Workaround übermittelt werden.

In der einfachen Domäne angekommen, geht es nur noch um die Nutzung des Produktes. Einfache Schritt-für-Schritt-Anleitungen helfen, jedes mögliche Einsatzszenario in den Griff zu bekommen. Am Produkt selbst ändert sich nichts mehr.

### Einsatzgebiete von Scrum

Neben der Anforderung, dass die zu lösende Herausforderung ein Team erfordert und in der komplexen Domäne liegen sollte, gibt es keine weiteren Einschränkungen. Bekannt wurde Scrum durch die Erfolge bei Softwareprodukten.

Wenn man mit der Liste von Produkten beginnt, die Nonaka und Takeuchi damals untersucht haben, findet man eine Spiegelreflexkamera, einen Kopierer, ein PC-System, ein Auto und eine Sucherkamera. Offensichtlich kann man Scrum in der Hard- und Softwareentwicklung sinnvoll einsetzen.

Meine Kollegen und ich haben in der Vergangenheit Teams begleitet, die in vielfältigen Bereichen tätig waren: Immobilienverwaltung, Entwicklung von Unterwasserrobotern, Sicherheitssysteme, Fensterheber für Autotüren. Wir kennen Scrum Teams, die an Sitzmechaniken, an medizinischen Geräten oder an Maschinen zur Herstellung von PET-Flaschen arbeiten. Außerdem haben wir Scrum in der Hochschullehre eingesetzt und es ist eine ganze Community rund um den Einsatz in Schulen und in der Erwachsenenbildung entstanden.

*Scrum kann immer dann angewendet werden, wenn es um eine komplexe Entwicklungsaufgabe geht. Ob das zukünftige Produkt eine Dienstleis-*

*tung, ein Gerät oder eine Software ist, spielt nur*
*für die Auswahl der Entwicklungspraktiken eine*
*Rolle. Das Scrum Framework ist universell ein-*
*setzbar.*

# 1.3 Scrum-Werte

Scrum ist mit fünf Werten verknüpft. Beschrieben wurden sie in dem ersten Buch zu Scrum: „Agile Software Development with Scrum" von Ken Schwaber und Mike Beedle. Darin vertreten die beiden Autoren die Idee, dass diese Werte keine Voraussetzung für die Einführung von Scrum sind, sondern dass bei konsequenter Anwendung von Scrum diese Werte in den beteiligten Menschen automatisch wachsen. Das ist eng damit verknüpft, die drei Säulen empirischer Prozesskontrolle – Transparenz, Überprüfung und Anpassung – lebendig werden zu lassen. Die fünf Werte sind:

1. **Offenheit:** Alle Informationen und Herausforderungen rund um die Arbeit des Scrum Teams werden zwischen diesem und den Stakeholdern in aller Transparenz bearbeitet.
2. **Fokus:** Das Sprint-Ziel und die Arbeit im Sprint liegen im täglichen Fokus des Scrum Teams.
3. **Commitment:** Die persönliche Verpflichtung auf die Ziele des Scrum Teams bestimmt das Handeln des Einzelnen.

4. **Respekt:** Der Umgang miteinander und mit Stakeholdern ist von gegenseitigem Respekt als fähige und eigenverantwortliche Menschen geprägt.
5. **Mut:** Das Scrum Team hat den Mut, schwierige Probleme anzupacken und dann das Richtige zu tun.

**Das Manifest für Agile Softwareentwicklung**
Neben diesen Werten wird das Handeln im Scrum Team auch von den Ideen und Prinzipien bestimmt, die im Manifest für Agile Softwareentwicklung 2001 beschrieben wurden. Dieses finden Sie unter: https://agilemanifesto.org/iso/de/manifesto.html

Allein die Diskussion der Auswirkungen der Werte und Prinzipien von Scrum auf die Arbeits-, Aufbau- und Ablauforganisation von Unternehmen kann ganze Bücher füllen. In unseren Scrum-Trainings diskutieren wir diese Folgen regelmäßig mit den Teilnehmern. Hier verweise ich stellvertretend auf das Buch „Agile Unternehmen" (Hoffmann, 2018).

*Das Scrum Framework lässt sich in den unterschiedlichsten Bereichen anwenden. Besonders geeignet ist es für komplexe Entwicklungsaufgaben.*
*Wichtig dabei ist, dass Management und Produktentwicklung einander vertrauen. Ohne Managementsupport wird der Versuch, Scrum einzusetzen, scheitern. Und ohne den Willen des*

Produktentwicklungsteams, neue Wege zu gehen, wird der Versuch des Managements, Scrum einzusetzen, sinnlos sein.

Scrum ist mit den Werten Offenheit, Mut, Respekt, Fokus und Commitment verbunden. Mehr zu den Werten und Prinzipien lässt sich dem Manifest für Agile Softwareentwicklung entnehmen. Ihre Firmenkultur sollte mit diesen Werten und Prinzipien vereinbar sein, damit Scrum ohne Schwierigkeiten und mit Erfolg eingesetzt werden kann.

# 30 MINUTEN

# 2. Scrum heute

Die aktuelle Definition von Scrum ist im Scrum Guide zu finden (https://www.scrumguides.org/). Zum Zeitpunkt der Erstellung dieses Buches ist der Scrum Guide vom November 2020 maßgeblich. Darin sind die Autoren ganz eindeutig: Jedes Element des Rahmenwerkes Scrum dient einem Zweck und ist wichtig für den mit Scrum erzeugten Wert und die Ergebnisse. Veränderungen daran sind vermutlich nur Versuche, Missstände in der Organisation zu verschleiern, und machen Scrum möglicherweise nutzlos.

In diesem Kapitel soll es um die grundlegenden Elemente von Scrum gehen. Bei der Anwendung von Scrum entstehen darüber hinaus Handlungsmuster, Prozesse und Einsichten, die zu Scrum passen. Sie liegen aber außerhalb einer reinen Beschreibung von Scrum und sind deshalb nicht Bestandteil dieses Kapitels. In Kapitel 3 sowie in „Scrum in der Praxis" beschreibe ich einige über die Definition von Scrum hinausgehende wichtige Praxiserfahrungen.

# 2.1 Verantwortungen des Scrum Teams

Die kleinste Einheit, das Atom von Scrum, ist ein Scrum Team. Ein kleines Team von zehn oder weniger Menschen mit drei speziellen Verantwortungen: Developer, Product Owner und Scrum Master. Es gibt keine Untereinheit eines Scrum Teams und auch keine Hierarchien. Sollten mehr als zehn Menschen an dem Produkt arbeiten müssen, bilden sie mehrere Scrum Teams, die sich ein Produkt, ein Product Backlog und einen Product Owner teilen. Weitere Informationen zu diesem Fall finden Sie im ersten Beispiel im Kapitel „Scrum in der Praxis".

Das ganze Scrum Team ist für alle mit dem Produkt zusammenhängenden Tätigkeiten verantwortlich. Beispiele dafür sind Entwicklung von Hard- und Software, alle Arten von Tests, Experimente, Marktforschung, Betrieb, Wartung oder das Management von Stakeholder-Erwartungen und Kundenzufriedenheit. Folgerichtig muss die Organisation das Scrum Team mit den passenden Skills ausstatten sowie der Vollmacht, um diese Arbeiten auszuführen.

Wenn Sie jetzt an Ihre Organisation denken und sagen: „Unmöglich! Das gibt es in keiner Organisation", dann gebe ich Ihnen ein Gegenbeispiel: In einem kleinen Start-up mit einer Handvoll Mitarbeiter ist das ohne Weiteres möglich. Es ist sogar der einzig sinnvolle Weg, weil es schlicht keine umgebende Organisation gibt, an die irgendetwas delegiert werden könnte. Ich habe in Start-ups mitgearbeitet und diesen Geist des Zupackens erlebt. Genau diesen Spirit wünschen wir uns im Scrum Team, um zu einem Hochleistungsteam zu kommen.

Dabei ist, gemäß dem Manifest für Agile Softwareentwicklung, die Arbeit so zu gestalten, dass das Team die Arbeitslast nachhaltig und lange tragen kann. Hochleistung entsteht hier nicht aus einer Überlast und 60- bis 80-Stunden-Wochen, sondern aus einem ständigen Arbeiten im Flow (Csíkszentmihályi, 1995).

### Scrum Master

Scrum Master sind dienende Führungskräfte im Sinne des Begriffes „Servant Leadership" von Robert K. Greenleaf (Greenleaf, 1977). Ein Scrum Master verantwortet die Einführung von Scrum in Theorie und Praxis in der Organisation und im Scrum Team. Insbesondere ist der Scrum Master verantwortlich für die Effektivität des Scrum Teams. Ein starkes Werkzeug, um daran zu arbeiten, sind die regelmäßigen Sprint Retrospectives. Aber die genügen nicht. Ein exzellenter Scrum Master ist ständig an der Seite seines Teams und dient ihm in unterschiedlichen Rollen: als Moderator, Scrum-Lehrer, Mentor und Coach, Konfliktnavigator, Dirigent der Zusammenarbeit und natürlich auch als Change Agent in der Organisation, um Hindernisse aus dem Weg zu räumen.

Ein häufiges tradiertes Missverständnis ist, dass der Scrum Master sich selbst überflüssig machen soll. Das stimmt nur, wenn man die Verantwortung des Scrum Masters auf die eines Scrum-Lehrers schrumpfen lässt: Nach einiger Zeit haben die anderen Mitglieder des Scrum Teams gelernt, wie Scrum funktioniert, und dann kann der Scrum Master weiterziehen zum nächsten Team.

Die folgende Grafik zeigt, wie sich die tägliche Arbeitszeit des Scrum Masters beispielhaft auf die breit gefächerten Verantwortungen aufteilt. Mit der Zeit ändern sich die Schwerpunkte, aber der Scrum Master ist zu keinem Zeitpunkt überflüssig.

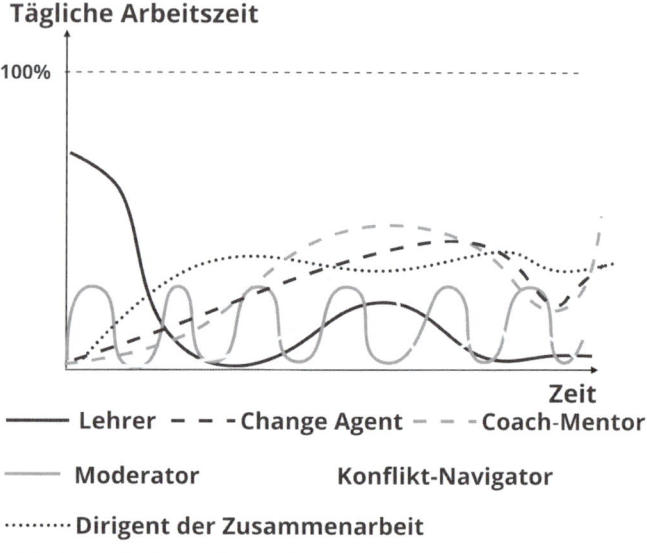

*Abb. 2: Aufteilung der Arbeitszeit des Scrum Masters auf seine Aufgaben*

**Ein Scrum Master ist wie …**

- **die Feuerwehr.** Keine Gemeinde der Welt wartet, bis es brennt, um erst dann eine Feuerwehr zu gründen. Ebenso dient der Scrum Master in all seinen Rollen zu dem Zeitpunkt, zu dem es nötig ist. Denn eine Verzögerung in der Konfliktnavigation oder in der Beseitigung eines Hindernisses kann extrem teuer sein.

- **der Trainer einer Fußballmannschaft.** Damit zusammen hangt die Frage, wie viele Scrum Teams ein Scrum Master betreuen kann. Die Antwort hängt davon ab, in welcher Liga die Mannschaft spielen soll. Eine Hobby-Mannschaft kann von einem Trainer trainiert werden, der auch noch mitspielt. Und vielleicht trainiert dieser Trainer noch andere Mannschaften. Im Gegensatz dazu möchte Bayern München die Champions League gewinnen und ein paar andere Pokale auch noch. Diese Mannschaft würde niemals akzeptieren, dass ihr Trainer gleichzeitig noch die Mannschaft von Real Madrid trainiert.

Wir schaffen für Scrum Teams eine Umgebung, damit sie Hochleistungsteams werden. Sie sollen für unser Unternehmen die Champions League gewinnen. Es liegt auf der Hand, dass wir dann ihren Trainer nicht wie den einer Hobby-Mannschaft aufstellen sollten. Ein geflügeltes Wort von Michael James (Certified Scrum Trainer aus Seattle) lautet: „Ein guter Scrum Master kann zwei Scrum Teams betreuen. Ein exzellenter Scrum Master nur eins."

Nicht zuletzt ist der Scrum Master auch der Coach des Product Owners. So kann der Scrum Master mit Moderation und aufgrund seiner Erfahrung mit agilen Techniken dabei helfen, ein gutes Produkt-Ziel zu definieren und das Product Backlog immer im Griff zu behalten. Das ist genauso wichtig wie empirische Ansätze der Produktplanung und das Unterstützen einer effektiven Zusammenarbeit des Scrum Teams mit den verschiedenen Stakeholdern.

Auch der Dienst an der Organisation ist eine wichtige Aufgabe des Scrum Masters: Sie muss trainiert, gecoacht und geführt werden bei dem Versuch, Scrum effektiv zu nutzen. Mitarbeiter und Stakeholder müssen verstehen, wie sie mit empirischen Ansätzen die Arbeit des Scrum Teams in der komplexen Situation unterstützen können.

### Developer

Developer haben in jedem Sprint ihren Fokus auf dem Erzeugen des nächsten nutzbringenden Increments des Produkts. Abhängig von Produkt und Zielmarkt brauchen sie als Team ein breites Wissen und alle Fähigkeiten, um das Produkt zu liefern. Die Developer sind verantwortlich:

1. für den Arbeitsplan im Sprint – das Sprint Backlog – und seine tägliche Ausrichtung auf das Sprint-Ziel hin,

2. für die Produktqualität und die Erstellung und das Einhalten der Definition of Done (Details dazu finden Sie in Kapitel 2.3),
3. dafür, sich gegenseitig bei der Ehre als Profis zu packen und ihr Bestes zu geben.

## *Product Owner*

Der Product Owner maximiert den Wert des durch die Arbeit des Scrum Teams erzeugten Produktes. Damit er diese Verantwortung gut wahrnehmen kann, ist es wichtig, dass die gesamte Organisation seine Entscheidungen respektiert.

Der Product Owner ist eine einzelne Person, kein Komitee. Stakeholder nehmen über den Product Owner Einfluss auf das Produkt – müssen aber, wie gesagt, seine Entscheidungen respektieren.

---

**Test: Hat Ihr Product Owner genug Entscheidungsfreiheit?**

In der Praxis machen Organisationen häufig Fehler bei der Berufung der Product Owner. In vielen Fällen sind diese nur in engen Grenzen befugt, Entscheidungen zum Produkt zu fällen. Darunter leidet die Entscheidungsgeschwindigkeit und damit die Reaktionsfähigkeit im Markt. Marktführer setzen sich vom Rest der Mitbewerber durch ihre hohe Entscheidungsgeschwindigkeit ab. Ein wochenlanges Betteln um Zustimmung bei Stakeholdern bremst hingegen selbst den fähigsten Product Owner aus. Eine einfache kleine Testfrage lautet: „Darf Ihr Product Owner entscheiden, das Produkt vom Markt zu nehmen und die Entwicklung zu beenden?"

Wenn Sie diese ultimative Frage zum Produkt mit „Ja!"
beantworten, dann arbeitet ein echter Product Owner an
Ihrem Produkt. Dadurch sind die Erfolgschancen signifi-
kant höher.

## Management des Product Backlogs

Der Product Owner kümmert sich insbesondere auch
um das Management des Product Backlogs. Diese Verantwortung umfasst

1. die Kommunikation des Produkt-Ziels und der Backlog Items nach ihrer Erzeugung,
2. die Entscheidung über die Reihenfolge der Backlog
   Items,
3. die Transparenz und Sichtbarkeit des Product Backlogs in der Organisation.

Diese Aktivitäten kann der Product Owner selbst
durchführen oder delegieren, wenn zum Beispiel der
Requirements Engineering Skill im Scrum Team durch
andere Teammitglieder vertreten ist.

*Das Scrum Team trägt drei Kernverantwortun-*
*gen: das neue Produkt zu bauen und für den Kun-*
*den nutzbar zu machen, dafür zu sorgen, dass*
*das Produkt einen größtmöglichen Wert beim*
*Kunden und für die Organisation erzeugt, und*
*das Ganze möglichst effektiv zu gestalten.*

## 2.2 Events im Rhythmus der Produktentwicklung

Jedes Event in Scrum ist ein Rahmen, um Transparenz herzustellen und ein Überprüfen und Anpassen des Produktes oder der Art der Zusammenarbeit im Scrum Team zu ermöglichen.

### *Sprint*

Das bekannteste Scrum Event ist der Sprint mit einer festen Länge von maximal einem Monat. Aktuell besonders beliebt sind Sprintlängen von 14 Tagen oder drei Wochen.

Im Sprint schafft das Scrum Team aus Ideen einen erkennbaren Wert. Alle anderen Scrum Events und alle sonstigen Aktivitäten des Scrum Teams finden im Rahmen des Sprints statt. Dabei strebt das Scrum Team eine nachhaltige Geschwindigkeit an, die es dauerhaft halten kann. Für den Product Owner, die Kunden, Stakeholder und alle Beteiligten schaffen die Sprints Vorhersagbarkeit, weil so regelmäßig eine Überprüfung und Anpassung im Hinblick auf das Produkt-Ziel stattfindet.

> **Wann sind kürzere Sprints sinnvoll?**
> Kürzere Sprints erlauben schnellere Lernzyklen und eine stärkere Risikokontrolle. Ich empfehle sie vor allem beim Start mit Scrum oder bei Produkten in ganz neuen Geschäftsfeldern.

Im laufenden Sprint werden keine Änderungen vorgenommen, die das Sprint-Ziel infrage stellen würden. Außerdem sorgt das Scrum Team für eine gleichbleibende Qualität der Arbeitsergebnisse.

Ich habe Scrum Teams erlebt, die sich zu viel Arbeit vorgenommen hatten und dann am letzten Tag des Sprints in Panik ihre Qualitätsstandards über Bord geworfen haben, nur um mit allem „fertig" zu werden. Das ist keinesfalls Sinn der Sache. Sobald Hinweise vorliegen, dass nicht alles in der gewünschten Qualität fertig werden kann, sollte die Product Ownerin mit den Developern den neuen (geringeren) Umfang abstimmen und sicherstellen, dass das Sprint-Ziel immer noch erreicht wird.

Eine sehr wichtige Tätigkeit im laufenden Sprint ist das Product Backlog Refinement. Das Scrum Team reserviert einen Teil seiner Arbeitszeit dafür, um Design- und Architekturarbeit an Product-Backlog-Einträgen zu leisten, die in einem zukünftigen Sprint realisiert werden könnten. Details zu diesem Prozess beschreibe ich in Kapitel 3.2.

### Sprint Planning

Die erste Aktivität in jedem Sprint ist die Erstellung eines Arbeitsplanes für den Sprint. Drei wichtige Fragen werden in diesem Scrum Event vom Scrum Team beantwortet:

- **Welchen Wert erzeugt dieser Sprint?** Nach Vorschlag durch die Product Ownerin erarbeitet das

Scrum Team ein Sprint-Ziel, das den Nutzen und Wert des Produktes erhöht. Den Stakeholdern sollte diese Steigerung helfen, das Produkt noch mehr wertzuschätzen.

- **Welche Product-Backlog-Einträge können in diesem Sprint abgeschlossen werden?** Das Scrum Team wählt aus dem Product Backlog die Einträge für den aktuellen Sprint aus. Dabei ist die Ordnung im Product Backlog zu berücksichtigen. Falls nötig können im gegebenen Zeitrahmen noch Einträge verfeinert werden. Mit der Definition of Done und dem Wissen um ihre Teamleistung in vergangenen Sprints können die Developer eine Vorhersage machen, was vermutlich alles fertig werden wird.

- **Welche Arbeitspakete sind dafür notwendig?** Die Developer planen für alle ausgewählten Product-Backlog-Einträge die erforderlichen Arbeitspakete. Gute Praxis ist es, diese Pakete kleiner als einen Arbeitstag Aufwand zu machen. Die Details und die Unterteilung liegen völlig im Ermessen der Developer.

Als Arbeitsergebnis aus dem Sprint Planning entsteht das Sprint Backlog als Summe aus Sprint-Ziel, den ausgewählten Product-Backlog-Einträgen und dem Plan für deren Lieferung, das heißt den Arbeitspaketen. Wie das aussehen kann, ist auf der nächsten Seite zu sehen.

*Das Sprint-Ziel ist ....*

| Backlog-Einträge | Arbeitspakete | | |
|---|---|---|---|
| | **Geplant** | **In Arbeit** | **Erledigt** |
| | | | |
| | | | |
| | | | |
| | | | |

*Abb. 3: Das Sprint Backlog*

### Daily Scrum

Die Rugby-Metapher bzw. die wörtliche Übersetzung von „Scrum" als „Gedränge" zeigt sich am deutlichsten beim Daily Scrum: Die Developer versammeln sich für maximal 15 Minuten. Sie überprüfen den Fortschritt in Richtung des Sprint-Ziels und passen das Sprint Backlog an den aktuellen Kenntnisstand an.

Das Daily Scrum ist ein Katalysator für die Teamkommunikation und hilft bei der Identifikation von Hindernissen. Richtig angewendet, fördert es schnelle Entscheidungen und reduziert die Notwendigkeit für weitere Meetings. Typischerweise findet es jeden Tag zur selben Zeit am selben Ort statt.

Es ist gute Praxis in Scrum Teams, das Sprint Backlog bei Bedarf zu jeder Tageszeit anzupassen und nicht bis zum nächsten Daily Scrum zu warten. Da die Teammitglieder ohnehin in ständigem Dialog Entwicklungsaufgaben lösen, sollte das Sprint Backlog auch den neuesten Wissensstand reflektieren.

**Techniken für das Sprint Backlog**
Für das Sprint Backlog sind unterschiedlichste Techniken im Einsatz: Whiteboards, Pinnwände mit Klebezetteln, aber auch elektronische oder Software-Taskboards – das Scrum Team wählt die Technik und die für sie passende Struktur selbst aus. Die Scrum Masterin unterstützt mit ihrer Erfahrung das Team bei der Auswahl und bei Experimenten auf dem Weg zu einem guten Sprint Backlog.

## Sprint Review

Am Ende des Sprints wird im Sprint Review zusammen mit den wichtigsten Stakeholdern das Ergebnis des Sprints überprüft und künftige Anpassungen werden festgelegt. Dabei berücksichtigen alle Anwesenden Änderungen im Marktumfeld und erarbeiten auf der Grundlage des aktuellen Ergebnisses nächste

Schritte. Hier, oder später, kann das Product Backlog angepasst werden, um neue Chancen wahrzunehmen.

Seinem grundsätzlichen Charakter nach ist das Sprint Review ein Arbeitstermin – die Beschränkung auf eine reine Präsentation würde viel von dem Potenzial des Sprint Reviews verschenken. Bei einem einmonatigen Sprint ist für das Sprint Review eine Timebox von maximal vier Stunden vorgesehen. Für kürzere Sprints wird entsprechend weniger Zeit eingeplant.

### Ein Sprint Review ist kein Abnahmemeeting!

Ein häufig beobachtetes Anti-Pattern ist der Versuch, das Sprint Review als Abnahmemeeting zu nutzen. Insbesondere wenn das Produkt von einem Dienstleister für einen Kunden individuell erstellt wird, ist das häufiger zu beobachten. Für eine vernünftige Abnahme und die zugehörigen Tests ist in diesem Meeting nicht die Zeit. Abnahmen sollten immer im Sprint als integraler Bestandteil der laufenden Entwicklungsarbeit stattfinden. Das Ergebnis des Sprints, das hier gemeinsam überprüft wird, ist ein abgenommenes Increment des Produktes. Wenn das nicht der Fall wäre, würden regelmäßig Arbeitsergebnisse als „nicht fertig" in Folgesprints verschoben und die tatsächliche Lieferzeit für Backlog Items betrüge dann nicht mehr einen Sprint, sondern zwei oder mehr Sprints. Das würde massiv die Planbarkeit und den Produktfortschritt stören.

### *Sprint Retrospective*

Mit der Sprint Retrospective steht dem Scrum Team ein Meeting zur Verfügung, um fokussiert über die Steigerung der Effektivität und der Qualität der Arbeit nachzudenken.

Der Scrum Master hilft dem Team durch seine Moderation, Experimente zu identifizieren, die positiv auf die Effektivität wirken könnten. Außerdem werden hier laufende oder abgeschlossene Experimente im Hinblick auf ihre Wirkung bewertet. Vom Scrum Team beschlossene Experimente können in das Sprint Backlog des kommenden Sprints aufgenommen werden, um höhere Transparenz zu erzeugen.

Die Sprint Retrospective dauert maximal drei Stunden für einen einmonatigen Sprint.

Mit diesem Event ist der Sprint abgeschlossen. Und es beginnt, nach kurzer Kaffeepause, sofort der nächste Sprint mit dem Sprint Planning.

*Es gibt fünf Scrum Events: den Sprint, um allen Aktivitäten einen Rahmen zu geben und den Fokus auf das Sprint-Ziel herzustellen; das Sprint Planning, um das Sprint-Ziel und eine Idee für den Weg dahin festzulegen; das Daily Scrum, um zu prüfen, ob man noch auf dem richtigen Weg ist; das Sprint Review, um ggf. die Ausrichtung anzupassen; die Sprint Retrospective, um die Effektivität des Teams weiter zu steigern.*

## 2.3 Scrum-Artefakte und Commitments

Bis hierher habe ich über Verantwortung und Events in Scrum geschrieben. Dabei mussten zwangsläufig Scrum-Artefakte und zugehörige Commitments zur Sprache kommen – diese werden nun im Detail beleuchtet, um die letzten Puzzlesteine des Scrum Frameworks an ihre Plätze fallen zu lassen.

Grundsätzlich stehen die Scrum-Artefakte für Wert oder Arbeit. Das jeweils zugehörige Commitment hilft dabei, Transparenz und Fokus herzustellen, und macht gleichzeitig den Fortschritt sichtbar:

- Das Artefakt Product Backlog wird unterstützt durch das Commitment Produkt-Ziel.
- Das Sprint Backlog hat analog dazu das Sprint-Ziel als Commitment.
- Das Artefakt Increment hat die Definition of Done als unterstützendes Commitment.

### *Das Product Backlog*

Verschiedene grundlegende Eigenschaften machen den Charakter des Product Backlogs aus. Zunächst ist es eine geordnete Liste der Anforderungen an das Produkt. Interessanterweise ist diese Liste emergent – während der Entwicklungsarbeit des Scrum Teams werden dieser Liste regelmäßig neue Einträge hinzugefügt, existierende entfernt oder neu geordnet. Dies geschieht unter dem Einfluss des kontinuierlichen

Lernprozesses des Scrum Teams über die Marksituation und die Bedürfnisse von Nutzern und Stakeholdern.

Der kontinuierliche Prozess, in dem das Scrum Team ein gutes Verständnis von neuen Anforderungen erlangt, wird Product Backlog Refinement genannt. Im Rahmen des Refinements erarbeitet das Scrum Team eine Idee, wie die neuen Anforderungen in Design und Architektur des Produktes eingebettet werden können. Gleichzeitig wird der mögliche Wertzuwachs des Produktes mit der neuen Anforderung durch den Dialog mit Stakeholdern und Benutzern deutlich. Wertvolle Anforderungen wiederum verdienen eine Größenbestimmung in Bezug auf die Menge an notwendiger Arbeit oder Energie, die das Team vermutlich in die Realisierung investieren muss.

Typischerweise wird die Product Ownerin dafür Sorge tragen, dass wertvolle und gut verstandene Product-Backlog-Einträge in der Ordnung des Product Backlogs nach oben kommen, während weniger wertvollen und unklaren Anforderungen eine geringere Priorität eingeräumt wird.

## Commitment Produkt-Ziel

Das Commitment Produkt-Ziel gibt eine grobe Idee vom zukünftigen Produkt. Es ist ein Planungsziel, auf das das Scrum Team hinarbeitet, und wird auf einer feineren Detaillierungsstufe durch das Product Backlog repräsentiert.

Eine der wichtigsten Aufgaben der Product Ownerin ist es, die Produktdefinition für sich, das Scrum Team, die Gesamtorganisation und natürlich die Kunden und Benutzer zu klären. Ich habe viele Product Owner und Scrum Teams erlebt, die nicht wissen, was eigentlich ihr Produkt ist – sie arbeiten im Hamsterrad nur Aufgaben ab. Als Orientierung zitiere ich hier wörtlich die Definition für den Begriff Produkt aus dem Scrum Guide (Schwaber, 2020):

*„Ein Produkt ist ein Instrument, um Wert zu liefern. Es hat klare Grenzen, bekannte Stakeholder:innen, eindeutig definierte Benutzer:innen oder Kund:innen. Ein Produkt kann eine Dienstleistung, ein physisches Produkt oder etwas Abstrakteres sein.“*

Spannend ist in diesem Zusammenhang auch der Hinweis von Ken Schwaber und Jeff Sutherland, dass ein Scrum Team zur selben Zeit immer nur ein Produkt entwickelt und damit immer nur ein Produkt-Ziel verfolgt.

### Das Sprint Backlog

Von vielen Teams wird das Sprint Backlog etwas verkürzend Taskboard genannt, denn inhaltlich ist es fast dasselbe wie ein klassisches Taskboard. Die drei wesentlichen Ergebnisse aus dem Sprint Planning werden hier visualisiert:

- das **Sprint-Ziel**,
- die ausgewählten **Product-Backlog-Einträge**,
- der zugehörige **Umsetzungsplan** – sehr oft in Form von technischen Aufgaben oder Tasks.

Gut angewendet, ist das Sprint Backlog ein Informations-Radiator, der Informationen abstrahlt wie ein Heizkörper Wärme („radiator" ist engl. für „Heizkörper"). Wenn die Mitglieder des Scrum Teams morgens in den Teamraum kommen, sehen sie sofort den aktuellen Stand und können nahtlos ansetzen.

Im Gegensatz dazu sind elektronische Taskboard-Werkzeuge, wenn sie falsch angewendet werden, eher Informationskühlschränke: Tür auf, Information rein, Tür zu. Hält sich frisch, sieht aber niemand. Das grundsätzliche Problem dabei ist, dass das Taskboard-Tool auf dem begrenzten Bildschirmplatz mit den Entwicklungswerkzeugen der Developer konkurriert. Diesen Kampf gewinnen natürlich immer die Entwicklungswerkzeuge, und das ist richtig so – führt aber nicht zu mehr Transparenz und Fokus. Eine mögliche Lösung besteht darin, das elektronische Taskboard wie ein physisches Taskboard ständig sichtbar zu machen: mit einem Projektor an einer großen Wand! Nur die Interaktion ist etwas schwieriger. Ich habe auch schon interaktive Touch-Bildschirme als Taskboard gesehen.

## Commitment Sprint-Ziel

Das Commitment Sprint-Ziel gibt dem Sprint ein erreichbares Ziel und sorgt für Fokus im ganzen Scrum Team.

Immer wieder stoßen Developer auf Überraschungen. Wie wir im ersten Kapitel des Buches gesehen haben, liegt das in der Natur unserer Arbeitswelt und der Produktentwicklung und lässt sich deshalb nicht pauschal mit einem Management-Trick einfangen. In solchen Situationen beraten sich die Developer mit dem Product Owner, ob Änderungen des Sprint Backlogs sinnvoll sind. Dabei wird das Scrum Team das Sprint-Ziel stets beibehalten.

In der Praxis beobachte ich häufig, dass Scrum Teams auf Sprint-Ziele verzichten. Dem liegen meist zwei verschiedene Kernprobleme zugrunde:

- Zum einen sind Sprint-Ziele nicht sinnvoll, wenn die Product-Backlog-Einträge im Wesentlichen technische Tasks sind. In der Produktentwicklung sind Product-Backlog-Einträge empfehlenswert, die einen konkreten Nutzen für die Anwender beschreiben.
- Zum anderen sind Sprint-Ziele dann nicht sinnvoll, wenn Scrum nur dazu benutzt wird, einen vorgefertigten Projektplan in Iterationen abzuarbeiten. Das kann aus Transparenzgründen hilfreich sein und ist manchmal besser als ein klassisches Meilensteinmodell. Aber es nimmt jegliche Flexibilität, um neue Informationen aus dem Marktumfeld in der Entwicklung zu berücksichtigen.

**Beispiel:** *Leider musste ich schon miterleben, dass wichtige Aspekte, die wir nach einem Jahr Entwicklungsarbeit gelernt hatten, wegdiskutiert werden mussten, weil Änderungen den Projektplan gefährdet hätten. Damit ist man vielleicht in Time und Budget – hat aber am Ende ein schwächeres Produkt als die Konkurrenz.*

Iterationen allein sind noch kein agiles Vorgehen! Scrum ist ein Produktentwicklungsframework für inkrementelle Entwicklung.

### Das Increment

Als Increment wird ein verwendbarer Schritt hin zum Produkt-Ziel bezeichnet. Im Begriff „Increment" steckt schon die Information, dass die Increments aufeinander aufbauen. Sie müssen sauber getestet sein – ein neues Increment darf vorhandene Funktionalität nicht kaputt machen.

Ich kenne kein Scrum Team, das mit vernünftiger Geschwindigkeit entwickelt und ohne automatisierte Tests auskommt. Ein hoher Grad an Automatisierung ist notwendig, um einen schnellen Rhythmus in der Produktentwicklung zu erreichen. Wenn es für das Produkt und das Marktumfeld sinnvoll ist, dann liefern gute Scrum Teams mehrere Increments ihres Produktes innerhalb eines Sprints.

Das ist verknüpft mit drei möglichen Release-Strategien, die ich alle schon erlebt habe:

1. Manche Scrum Teams sammeln mehrere Increments und machen dann eine gemeinsame Lieferung in den Markt. Das kann zum Beispiel dann ein guter Weg sein, wenn das zu liefernde System beim Endnutzer nicht zu häufigen Veränderungen unterworfen werden soll.

2. Andere Scrum Teams liefern nach jedem Sprint ein Increment an die Benutzer aus. Das ermöglicht ei-

nen schnellen Rhythmus, um mit hoher Zuverlässigkeit und Liefertreue Fachbereiche mit nach ihren Wünschen gestalteter Anwendungssoftware auszustatten.

3. Die höchste Flexibilität im Markt hat ein Product Owner, dessen Scrum Team jede umgesetzte Anforderung sofort als ein neues Increment ausliefert: Wir sprechen von Continuous Delivery. Ausliefern bedeutet hier im Wesentlichen, die Entscheidung des Product Owners, jetzt auszuliefern, mit einem Knopfdruck umzusetzen – und vor dieser Entscheidung wurde das Produkt auf allen Ebenen und in aller Funktionalität automatisch getestet.

Egal, welche Lieferstrategie gewählt wird, jedes Increment muss immer die Definition of Done erfüllen. Das ist eng verknüpft mit der Frage der Abnahme: Wann wird entschieden, ob die neue Funktionalität der gewünschten Definition of Done, der erforderlichen Produktqualität entspricht? Das muss innerhalb des Sprints passieren, und zwar am besten in dem Moment, in dem ein Developer die Entwicklung technisch abschließt. Rein praktisch bedeutet das, dass zum Beispiel Mitarbeiter aus dem entsprechenden Fachbereich im Scrum Team als Developer mitarbeiten.

**Beispiel:** *Vor zehn Jahren durfte ich das erste Scrum Team bei einer Landesbank begleiten. Damals waren drei Mitglieder des Scrum Teams aus dem zuständigen Fachbereich.*

Alternativ muss die Product Ownerin zeitnah zur Abnahme bereit sein. Praktischerweise verfügt sie über einen Arbeitsplatz im Teamraum und kann so sofort durch Zuruf informiert werden.

**Commitment Definition of Done**

Das Commitment Definition of Done beschreibt die notwendige Produktqualität. Jede umgesetzte Anforderung, die die Definition of Done erfüllt, führt zu einem neuen Increment.

Durch ihre Existenz erzeugt die Definition of Done ein gemeinsames Verständnis, was „fertig" bedeutet. Wer in einer tayloristischen Organisation arbeitet, weiß, was nötig ist, um Aufgaben im Eingangskorb in erledigte Aufgaben im Ausgangskorb umzuwandeln. Im Scrum Team weitet sich der Blick auf alle Ausgangskörbchen. Nur wenn eine Anforderung aus jeder Perspektive fertig ist, kann das Team sicher sein, alles getan zu haben, um die Anwenderin des Produktes nicht zu enttäuschen.

Alle Anforderungen, die nicht der Definition of Done entsprechen, werden auch nicht im Sprint Review gezeigt. Im Sprint Review geht es darum, den Stakeholdern ein möglichst realistisches Bild vom aktuellen Produkt zu vermitteln.

Sollte etwas angefangen, aber nicht fertiggestellt worden sein, wird es zurück ins Product Backlog sortiert. Der Product Owner hat dann die Freiheit, es dort höher oder niedriger zu priorisieren oder es aus dem Product

Backlog zu entfernen, wenn es inzwischen von zu geringem Wert ist.

**Beispiel:** *Ich habe schon erlebt, dass ein Backlog-Eintrag in einem Sprint nicht umgesetzt werden konnte und die Developer dann einen zweiten, dritten, vierten … 13. Sprint daran gearbeitet haben, bis die Aufgabe abgeschlossen war. Dem Investment des Unternehmens stand in diesem Fall kein entsprechender Wert gegenüber. Hier wurde viel zu viel Geld ausgegeben.*

Es ist die Verantwortung des Product Owners, für einen angemessenen Return on Invest (ROI) zu sorgen. Und manchmal werden Anforderungen von den Developern in ihrer Komplexität massiv unterschätzt. Dann muss der Product Owner konsequent die Weiterarbeit daran unterbinden. Es gibt schließlich andere Backlog-Einträge mit einem viel besserem Wert-zu-Komplexität-Verhältnis, die zur Umsetzung bereit sind. Mit dem Wissen um den schlechten Return on Invest hätte der Product Owner diesen Backlog-Eintrag ohnehin schon vor jeglicher Umsetzung aussortiert. Nun brauchte es offensichtlich einen Sprint, um etwas zu lernen. Dieses Lernen zu ignorieren wäre fahrlässig.

**30** *Das Scrum Team besteht aus dem Scrum Master, dem Product Owner und den Developern. Die fünf Events bei der Arbeit mit Scrum sind der Sprint, der allem einen Rahmen gibt, das Sprint Planning, das Daily Scrum, das Sprint Review und die Sprint Retrospective.*

Scrum kennt drei Artefakte und dazugehörige Commitments, um Fokus und Transparenz über den Fortschritt zu erzeugen:

- das Commitment Produkt-Ziel für das Artefakt Product Backlog,
- das Commitment Sprint-Ziel für das Artefakt Sprint Backlog,
- das Commitment Definition of Done für das Artefakt Increment.

# 30 MINUTEN

# 3. Von der Vision zum Produkt

In diesem Kapitel beschreibe ich den Start der Produktentwicklung mit Scrum bis hin zur Auslieferung an den Kunden. Der Scrum Master ist dafür verantwortlich, das Scrum Team und die Stakeholder durch gute Moderation in diesem Prozess zu führen. Er hat durch seine Ausbildung und Erfahrung alle nötigen Werkzeuge an der Hand, um einen guten Rahmen für einen überragenden Produkterfolg zu bieten.

Die Product Ownerin ist dafür verantwortlich, dass das Produkt tatsächlich ein Erfolg wird. Zusammen mit den Developern und Stakeholdern nutzt sie diesen Rahmen, um den Mitbewerbern im Markt voraus zu sein. Ein wichtiges Mittel dazu ist ein wertvoller Kick-off, von agilen Teams manchmal auch Lift-off genannt.

# 3.1 Kick-off und Erarbeitung des Produkt-Ziels

Diana Larsen und Ainsley Nies haben mit ihrem Buch „Liftoff" dazu eine gute Moderationsanleitung für den Scrum Master geschrieben (Larsen, 2016). Ich skizziere hier nur die wichtigsten Elemente:

### Teilnehmer

Vor einem Kick-off-Workshop steht immer die Frage: Wen lädt man ein? Offensichtlich das ganze Scrum Team. Dazu relevante Stakeholder wie Kunden, potenzielle Benutzer, Zulieferer oder Vertreter zuliefernder Teams sowie Vertreter des Managements auf allen Ebenen. Ganz besonders wichtig ist jemand aus der Geschäftsführung bzw. Vorstandebene oder Geschäftsbereichsleitung.

Das Scrum Team braucht immer wieder mal Unterstützung von allen Seiten. Deshalb sollten alle relevanten Stakeholder-Gruppen beim Kick-off vertreten sein. Sie sollen alle verstehen, warum das Produkt wichtig für das Unternehmen ist und wie sie zum Produkterfolg beitragen können.

**Beispiel:** *Bei einem Kunden von uns (Familienunternehmen, Hidden Champion, ca. 2000 Mitarbeiter) war beim Kick-off für ein neues Produkt der Geschäftsführer der Firma für zwei Stunden dabei. Er hat sich an alle Anwesenden gewandt: „Ich weiß, dass Scrum neu ist für alle. Und ich verstehe, dass dieses Produkt wichtig ist für uns.*

*Wenn ihr in den kommenden Wochen und Monaten über irgendwelche Prozesse oder Verhaltensweisen stolpert, kommt zu mir. Ich räume euch das alles aus dem Weg."* Das ist der Support, den der Scrum Master braucht, um Hindernisse aus dem Weg des Scrum Teams zu entfernen. Der Scrum Master konnte jederzeit durch die Tür des Geschäftsführers gehen und seine Unterstützung anfordern.

### Umgang mit Schwierigkeiten und Scheitern

Was ist, wenn Sie im Kick-off feststellen, dass es Unstimmigkeiten gibt? Wenn Sie feststellen, dass Sie sich nicht auf eine Produktvision einigen können? Sollten die Schwierigkeiten zu schwerwiegend sein, ist es Aufgabe der Product Ownerin, klarzustellen, dass die Entwicklung jetzt noch nicht beginnen kann. Das kann im Sinne des Unternehmens auch ein gutes Ergebnis eines Kick-offs sein: Sie haben gemeinsam festgestellt, dass das Produkt nicht sinnvoll ist. Dann lassen Sie es sein! Zu dieser Erkenntnis sollte es so früh wie möglich kommen, nicht erst, nachdem zwei Jahre an dem Produkt gearbeitet wurde. Lieber ein Scheitern im Kick-off als ein Scheitern im Markt. Das ist billigeres und schnelleres Lernen.

Ähnliches gilt, wenn Einladungen ausgesprochen wurden, aber außer dem Scrum Team niemand zum Kick-off kommen möchte. Offensichtlich ist das Produkt dann nicht relevant genug. Die Product Ownerin sollte darüber nachdenken, das Produkt nicht zu bauen.

### *Inhalte des Kick-offs*

Drei Kernthemen sind zu klären:

- Der Produktentwicklung Sinn geben
- Das Produkt-Team zusammenschweißen
- Den großen Kontext verstehen

Wiederum drei Elemente braucht es, um den Sinn der Produktentwicklung sichtbar zu machen:

- **Produktvision:** In welche Richtung geht die Entwicklung?
- **Teammission:** Was ist unser Beitrag zur Realisierung der Produktvision?
- **Fortschrittsmetriken:** Woran erkennen wir, ob wir Fortschritt machen?

Auch für das **Zusammenschweißen des Produkt-Teams** empfehlen die Autoren (Larsen, 2016) drei Teile:

- Gemeinsame Team-Regeln
- Zugehörigkeit: Wer gehört zu 100 Prozent zum Scrum Team?
- Beantwortung der Frage: Wie arbeiten wir als Team am besten zusammen?

Damit alle Beteiligten den Kontext klar vor Augen haben, benutze ich oft eine Projektlandkarte. Das ist eine Visualisierung der beteiligten Personen und ihrer Zugehörigkeit zu Organellen der Organisation. Dazu gehören auch Überlegungen, auf welche Lieferungen man ange-

wiesen ist und wo möglicherweise Engpässe auftreten
können. Alle Interaktionen werden offensichtlich.

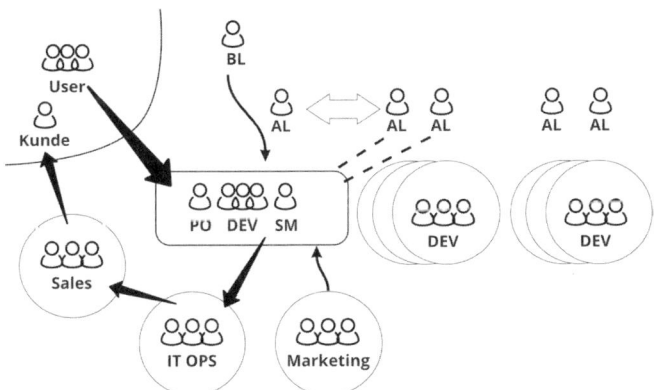

*Abb. 4: Die Projektlandkarte*

**Beispiel:** *Ich erinnere mich an einen Kick-off, zu dem die
Product Ownerin ihrer Meinung nach alle Beteiligten
eingeladen hatte. Wir waren etwa 15 Leute. Beim Erstellen der Projektlandkarte entdeckten wir, dass es mehr als
40 weitere Mitspieler gab. Manche waren schlicht vergessen worden. Die Aufstellung für diese Produktentwicklung war viel komplexer, als es für das Produkt nötig
gewesen wäre. All das haben wir mit dieser einfachen
Visualisierung ans Licht gebracht.*

### Ein gutes Produkt-Ziel erarbeiten

Das Produkt-Ziel, manchmal auch Produktvision genannt,
ist der Leitstern, dem das Scrum Team in all seinen Bemü-

hungen folgt. Es gibt Orientierung bei allen Entscheidungen, die während der Entwicklung zu fällen sind: Prioritäten der Anforderungen, Design und Architektur des Produktes, welche Stakeholder wann involviert werden müssen ... Alle diese Entscheidungen hängen vom Produkt-Ziel ab. Typischerweise entsteht eine erste Version des Produkt-Zieles im Rahmen des Kick-offs.

**Der Elevator Pitch**

Ein beliebtes Format ist der Elevator Pitch. Der Kerngedanke ist das Zusammentreffen mit jemandem im Fahrstuhl, dem man in den wenigen Sekunden einer Aufzugfahrt die Kernidee des Produktes „verkaufen" kann:

> Für [Kunden] mit [Bedürfnissen] entwickeln wir [Produktname], ein [Art des Produktes], das folgende [zwei bis vier wichtigste Funktionen] hat. Anders als [Produkte von Wettbewerbern] kann unser Produkt [Abgrenzungsmerkmale].

Das Interessante an dieser Formulierung des Elevator Pitches ist der Beginn mit den Kunden und ihren Bedürfnissen. Wenn einem Team dazu nichts einfällt, dann wird das Produkt vermutlich nicht gebraucht.

**Beispiel:** *Ich habe mit verschiedenen Organisationen gearbeitet, in denen der IT- oder Technikbereich sehr stark war. Da kam es vor, dass sehr technische Produkte gebaut wurden, weil es für Ingenieure spannend war, verschiedene Technologien zu verbinden. Der Kundennutzen war völlig unklar. Bei einem Sprint Review schlu-*

*gen die Mitarbeiter eines Fachbereiches entsetzt die Hände über den Köpfen zusammen, als ihnen klar wurde, dass sie jetzt dieselben Daten in zwei Systemen pflegen mussten: „Ihr habt gerade unsere Arbeitszeit verdoppelt." „Aber das ist technisch besser so!", antwortete die politisch stärkere IT-Abteilung.*

Ein zweiter spannender Punkt des Elevator Pitches ist die Abgrenzung zu den Produkten von Mitbewerbern. Damit stellt sich die Frage: Wer sind überhaupt unsere Mitbewerber?

**Beispiel:** *Mein Kollege Heiko Stapf berät auch Start-ups und hat mir, ohne Details zu nennen, vor ein paar Jahren von einem Beratungsgespräch erzählt. Ein junger, dynamischer Gründer erzählte von seiner Vision für eine neue App. Er war so begeistert von seiner Idee, dass er nicht geprüft hatte, ob es das Angebot so schon gab. Auf die Frage von Heiko: „Also, Sie meinen, so was wie [Name einer App]?", ist er aus allen Wolken gefallen.*

Als Scrum Team können wir mit unserem Produkt in existierende Märkte eindringen und ein großes Stück vom Marktkuchen herausschneiden. Wir sollten aber wissen, ob es diesen Kuchen schon gibt.

### Pressemitteilung

Ein alternatives Format für Visions-Workshops, um das Produkt-Ziel zu konkretisieren, ist die Pressemitteilung, die folgende Elemente enthalten kann:

- Produktname – vorzugsweise schon in der Überschrift

- Produktbild
- Zitat eines glücklichen Kunden (das man sich zu diesem Zeitpunkt natürlich ausdenken muss)
- Beschreibung, welches Problem zu lösen ist und wie es gelöst wird
- Das Wichtigste in einem Satz, zum Beispiel als Untertitel
- Zusammenfassung – wie ein Abstract eines wissenschaftlichen Artikels

Natürlich kann die Pressemitteilung noch mit weiteren Elementen ergänzt werden. Ich empfehle, nicht mehr als eine A4-Seite zu gestalten. Ansonsten gleitet das Team zu sehr in Details ab.

### Die Produktschachtel

Die Produktschachtel ist ein weiteres sehr beliebtes Format – weil etwas zum Anfassen entsteht.

**Beispiel:** *Ich erinnere mich an eine Gruppe, die eine Produktschachtel für eine neue Kundendatenbank gebastelt hat. Dieses Artefakt wurde später noch sehr lange, von den Arbeitsplätzen aus sichtbar, auf dem Schrank gelagert. Auf dieser Schachtel standen zum Beispiel die Antwortzeit (kürzer als 200 Millisekunden) und das Mengengerüst (für mehr als 10 Millionen Kunden) als Orientierung für das Team. Diese Informationen sind später in die Definition of Done aufgenommen worden. Das wichtigste Kernfeature war aber die Echtzeitfähigkeit, damit ein Online-Shop damit betrieben werden kann. Die Archi-*

*tektur der alten Datenbank war dafür nicht leistungsfähig genug.*

Zur Produktschachtel gelangt man über folgende Überlegung: Wenn man das Produkt im Supermarkt kaufen könnte, welche Eigenschaften müssten auf der Schachtel stehen?

- Wobei hilft das Produkt?
- Produktname
- Produktbild
- Zielgruppe
- Ein paar Leistungsmerkmale
- Kaufargumente: „Besser als …" „Nie mehr …"

**Welches Format ist das beste?**

Überraschenderweise ist das Format egal. Wichtig ist, dass alle Beteiligten ihre Gedanken „auf den Tisch legen". Und das gelingt am besten, wenn man etwas hat, das man mitgestalten kann. Vielleicht gibt es bestimmte Formate, die sich in Ihrer Firmenkultur verbieten oder denen Sie spontan besonders zugeneigt sind. Dann entscheiden Sie entsprechend. Die Gespräche sollen sich ja um das Produkt, die Zielgruppen, ihre Bedürfnisse und das zu lösende Problem drehen. Eine lange Diskussion, ob man ohne die Pressestelle eine Pressemitteilung schreiben darf, ist da nicht hilfreich.

Wichtig ist, dass das Produkt-Ziel das Ergebnis einer intensiven Zusammenarbeit ist. Wir verfehlen diese Idee, wenn die Product Ownerin in mühevoller Arbeit vor dem Workshop eine wunderbare Vision formuliert und sie dann als fertiges Ergebnis den Stakeholdern und dem Scrum Team präsentiert. Identifikation mit dem Produkt und späteres Engagement für das Produkt durch die Stakeholder und das Scrum Team sind dann wesentlich schwächer.

### *Hinweise zur Moderation*

Die Moderation übernimmt der Scrum Master. Er ist dafür ausgebildet. Wie wir gesehen haben, nehmen an einem typischen Kick-off mehr als nur die Mitglieder des Scrum Teams teil. Deshalb bietet sich für die Erarbeitung des Produkt-Zieles im ersten Schritt eine Arbeit in mehreren Gruppen an, damit wir mehr Beteiligung erzeugen. In Unternehmen mit einer starken Hierarchie hat das den Vorteil, dass die Alphatiere nur maximal die Gruppe dominieren können, zu der sie gerade gehören.

### Zweistufiges Verfahren

Normalerweise erzeugen wir die Version 1.0 des Produkt-Zieles in einem zweistufigen Verfahren: Der erste Schritt ist die Gruppenarbeit mit einem der beschriebenen Formate. Dann stellen die Gruppen ihre Ergebnisse vor, und in einer zweiten Runde integrieren wir im Plenum mit allen die stärksten Ideen aus der ersten Runde in das Produkt-Ziel Version 1.0.

Das Verfahren hat zwei Stärken:

1. Durch die Beteiligung gibt es eine viel höhere Identifikation und Unterstützung für das Produkt.

2. In den folgenden Wochen können Mitglieder des Scrum Teams darauf Bezug nehmen, wenn sie Hilfe aus der Organisation brauchen. Der Scrum Master kann zum Beispiel mit einem neu identifizierten Hindernis auf einen Bereichsleiter zugehen: „Sie erinnern sich doch an unseren Workshop und das Produkt-Ziel. Jetzt brauchen wir Ihre Unterstützung auf dem Weg zum Ziel. Und zwar haben wir herausgefunden ..." Das gilt auch für zuliefernde Teams und Organisationsbereiche, für notwendigen Support aus dem Management oder nötige Entscheidungen der Geschäftsführung.

## Erneuter Produkt-Ziel-Workshop

Je nach Volatilität des Marktumfeldes wird die Product Ownerin nach sechs bis neun Monaten den Scrum Master bitten, zu einem erneuten Produkt-Ziel-Workshop einzuladen. Mit demselben Teilnehmerkreis und einem Zeitrahmen von zwei bis drei Stunden wird überprüft, ob das Produkt-Ziel 1.0 noch korrekt ist oder ob eine Version 1.1 oder sogar 2.0 formuliert werden muss. In den vergangenen Monaten hat das Team viel über das Produkt und den Markt gelernt. Spätestens zu jedem Sprint Review erreicht das Scrum Team ungefiltertes Feedback der Stakeholder, Kunden und Benutzer. Jetzt ist der Zeitpunkt für ein „Weiter so" oder ein „Lasst uns das korrigieren" erreicht.

In sehr stürmischen Märkten kann der richtige Zeitpunkt zum Nachsteuern auch schon früher da sein. Im kleinen Start-up wird es eventuell wöchentliche Nach-justierungen des Produkt-Zieles geben. In sehr stabilen Umfeldern kann es auch reichen, das nach 18 Monaten zu tun.

### *Nehmen Sie sich ausreichend Zeit*

Was ist, wenn die Zeit nicht reicht und sich die Gruppe nicht einigen kann? Dann haben wir ein klares Signal, noch nicht mit der Produktentwicklung zu starten. Offensichtlich braucht es noch mehr Zeit, um das Ziel zu klären. Bei einer Reise würden wir ja auch nicht irgendwelche Flugtickets buchen und Koffer mit irgendetwas packen, ohne zu wissen, wo wir eigentlich hin wollen. Überraschenderweise geschieht dies aber manchmal in sehr großen Unternehmen. Schließlich gibt es eine hart erarbeitete Projektfreigabe des Vorstandes und die teuren Entwickler stehen auch bereit. Dann lasst uns mal loslegen – und wir starten ins mehr oder weniger koordinierte Chaos.

**Beispiel:** *Bei einem größeren Unternehmen konnte ich das beobachten: 1,5 Jahre lief die Entwicklung des Produktes schon und es gab kein von allen 140 beteiligten Mitarbeitern unterstütztes Produkt-Ziel. Wir waren gebeten worden, dabei zu helfen, in einem eintägigen Workshop die Produkt-Roadmap für die nächsten vier Quartale zu erarbeiten. Aber schon beim Start des Workshops stellten einige von den 40 anwesenden Mitarbeitern Fragen wie: „Wer sind die Zielgruppen?" „Wie lautet die Produktvision?" Wir haben diese Fragen dann am*

*Vormittag bearbeitet und dabei herausgefunden, dass die beiden für das Produkt zuständigen Vorstände unterschiedliche Produkt-Ziele im Kopf hatten. Dieser Konflikt hätte 1,5 Jahre früher offengelegt und geklärt werden müssen. Da sind mehrere Millionen Euro verschwendet worden.*

*Das Produkt-Ziel ist ein Leitstern, dem das Scrum Team bei seinen Entscheidungen folgen kann. Es ist wichtig, das Ziel gemeinsam mit den Stakeholdern, Kunden, Benutzern und dem Management zu erarbeiten, um ein stärkeres Commitment auf dieses Ziel von allen Beteiligten einzuholen.*

## 3.2 Anforderungen verstehen

Kürzlich sah ich bei Twitter ein Foto einer Hausaufgabe für Grundschüler. Die Aufgabe lautete *„Schreibe die Wörter in alphabetischer Reihenfolge"* und der Grundschüler hatte sie so beantwortet:

- Wörter: *Katze, Haus, Tor*
- In alphabetischer Reihenfolge: *aeKtz, aHsu, orT*

Irgendwie korrekt und irgendwie auch falsch. Wenn es bei so trivialen Fragen schon Irrtümer gibt, wie ist das dann erst bei komplexen Problemen in der Produktentwicklung, wenn die Beteiligten nicht miteinander sprechen?

Wichtig ist aus der Sicht des Scrum Frameworks, dass ein ständiger Dialog um die Ausgestaltung von Anforderungen stattfindet. Im klassischen Vorgehen nach Phasen, zum Beispiel mit Requirements-Engineering-Phase, Entwicklungsphase und Testphase, wird versucht, in der ersten Phase die Anforderungen so genau zu definieren, dass es keine Rückfragen der Developer gibt. Eine Rückfrage ist ein Fehler im System. Wenn wir agil arbeiten, ist eine Rückfrage ein unverzichtbares Feature des Entwicklungsprozesses. Diese Dialoge beschleunigen das Lernen bei allen Beteiligten und führen insgesamt zu einer schnelleren Entwicklung.

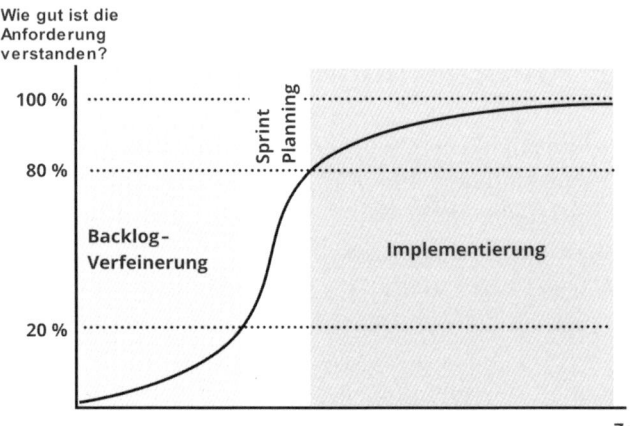

*Abb. 5: Durch ständigen Dialog wird sichergestellt, dass alle Anforderungen verstanden wurden.*

## User Story

Damit die Beteiligten in einen Dialog kommen, ist vor 20 Jahren die User Story erfunden worden (Cohn, 2004). User Stories sind ein nützliches Werkzeug, wenn man mit Scrum arbeitet, auch wenn sie kein Kernelement von Scrum sind. Das bedeutet, wenn Ihr Unternehmen einen anderen Katalysator für ständige Zusammenarbeit zwischen Fachbereichen, Anwendern und dem Scrum Team findet, kann auf User Stories auch verzichtet werden.

Drei Zutaten braucht eine gute User Story laut Ron Jeffries (Jeffries, 2001):

- Die **Karte**, auf der sie in einem einfachen Format notiert wird. Es gibt unterschiedliche Varianten, aber sehr gebräuchlich ist: *Als [Benutzer] möchte ich [Funktion], um [Bedürfnis].*
- Den **ständigen Dialog** zwischen allen Beteiligten.
- **Akzeptanzkriterien** oder noch besser **automatisch ausführbare Akzeptanztests**. Die Akzeptanzkriterien zeigen den Developern, wann sie die Implementierung der durch die User Story repräsentierten Anforderungen abgeschlossen haben.

**Beispiel für eine User Story Card**
*„Als Käufer im Online-Shop möchte ich mit meinen Bonuspunkten von der Kundenkarte bezahlen, um den Bonus auch im Lockdown einsetzen zu können."*

Ein zu diesem Beispiel passender automatisierter Akzeptanztest realisiert einen Testkunden, der Dinge in den Warenkorb legt und dann im Check-out die ganze Summe mit Bonuspunkten bezahlt. In Varianten dieses Tests könnte eine Teilsumme auch mit anderen Zahlmitteln beglichen werden. Am Ende des Tests stehen der logistische Versand und ein um die entsprechenden Bonuspunkte reduziertes Bonuskonto.

In der Diskussion um diese User Story könnten Product Ownerin und Developer zusammen mit beteiligten Stakeholdern (zum Beispiel dem verantwortlichen Manager für das Bonuspunkte-Programm) auf die Frage stoßen, was passiert, wenn der Kunde eine solche Sendung zurückgibt. Vielleicht erklärt das Team, dass die Implementierung einer Lösung von Kauf und Rückgabe nicht in einem Sprint realisierbar ist. Dann würde man eine zweite User Story formulieren:

### Zweite User Story im Beispiel
*„Als Käufer im Online-Shop möchte ich meine mit Bonuspunkten gekauften Waren zurückgeben, um von meinem gesetzlichen Rückgaberecht Gebrauch zu machen."*

Sollten die Developer aber der Meinung sein, dass es keine Schwierigkeit darstellt, Kauf und Rückgabe in einem Sprint zu realisieren, dann würde die Rückgabe einfach als weiterer Akzeptanztest zu der User Story aufgenommen werden.

## Welchen Wert erzeugt diese Anforderung?

Diese Diskussionen von Stakeholdern mit Product Ownerin und Developern rund um Anforderungen sind Teil des Backlog-Verfeinerungsprozesses, wie schon kurz in Kapitel 2.2 erwähnt. Im Rahmen des Backlog-Verfeinerungsprozesses nehmen Gespräche rund um die Frage „Was kostet uns diese Anforderung?" in vielen Organisationen viel Raum ein. Sehr häufig wird die Frage „Welchen Wert erzcugt diese Anforderung für unser Unternehmen, die Kunden und Benutzer?" hingegen vernachlässigt. Dabei ist sie die wichtigere – wir sollten nur Dinge realisieren, die einen Wert haben. Hier auf dem Papier scheint das trivial zu sein. Ich habe mehrfach Produkteentwicklungen miterlebt, bei der die Frage nach dem Wert einzelner Anforderungen einfach ignoriert wurde. Wie finden wir den Wert heraus? Dazu verweise ich auf Kapitel 3.3.

## Planning Poker®

Nehmen wir nun an, der durch Stakeholder bestätigte Wert der Anforderungen ist nicht vernachlässigbar. Dann lohnt es sich erst jetzt für das Entwicklungsteam, darüber nachzudenken, wie die neuen Anforderungen sich in die Architektur und das gesamte Design des Produktes einbetten. Dazu nutzt das Scrum Team seine Architektur- und Design-Werkzeuge ebenso wie Whiteboards oder Flipcharts im Raum, um Ideen zu visualisieren. Viele Scrum Teams greifen auch auf das nützliche Werkzeug des Planning Poker® (Cohn, 2005) zurück, um eine schnelle Synchronisation von Design- und Architektur-Ideen in ihren Köpfen zu realisieren:

Jeder Developer bekommt ein Kartenset mit den Zahlenwerten 1, 2, 3, 5, 8, 13, 20, 40 und 100. Die Anforderungen werden relativ zueinander geschätzt. Der Scrum Master leitet diesen Prozess an und führt mit dem Team auch eine passende Skala ein. Nachdem die Developer die Architekturdiskussion für abgeschlossen erklären, wählt jeder von ihnen eine passende Karte aus. Differenzen in den Kartenwerten verweisen auf unterschiedliche Ideen zu Design und Architektur. Die beiden Developer mit den größten und kleinsten Werten werden gebeten, ihre Ideen dazu zu erläutern. Dann wird das Verfahren wiederholt. Nach maximal drei Runden entsteht entweder ein Konsens oder die Produkt Ownerin wählt einen Wert aus. Sie könnte aber auch entscheiden, noch mal eine intensivere Architekturdiskussion (sofort oder in einem anderen Termin) anzustoßen, um mehr Klarheit im Scrum Team zu bekommen.

Der Wert des Planning Poker® liegt in den Gesprächen der Developer rund um die Weiterentwicklung der Architektur. Der Zahlenwert ist nur ein Nebenprodukt dessen, was eigentlich wichtig ist. Die Produkt Ownerin möchte sichergehen, dass die Developer eine grobe umsetzbare Idee haben, wie die Anforderung realisiert werden kann. Nur mit dieser Sicherheit kann sie diese User Story im Product Backlog so priorisieren, dass sie in einem der nächsten Sprints zur Umsetzung kommt.

**Risiken und Nebenwirkungen**

Noch ein wichtiger Hinweis zum Schätzen: Eigentlich ist es ein Raten. Das Entwicklungsteam vermutet, dass es eine Lösung kennt – sicher ist das erst, wenn sie gebaut ist. In vielen Unternehmen werden diese geratenen Zahlen aber als Preis gehandelt und später bei der Implementierung Sanktionen gegen Scrum Teams verhängt, wenn die Zahl sich als zu niedrig erweist. Die Selbstverteidigungsstrategie der Developer ist es dann, den gesamten Arbeitsprozess mit Pufferzeiten so zu verlangsamen, dass man nicht mehr bestraft wird, weil immer ein Worst-Case-Szenario aufgefangen werden kann. Ersetzen Sie doch mal in allen Sätzen, die in Besprechungen fallen, das Wort „schätzen" durch das Wort „raten", etwa so: „Die Entwickler müssen besser *raten!*" „Ich brauche bis Freitag eine genaue *Ratung* für den Projektplan und das Budget." „Wieso wurde diese User Story falsch *geraten?*" Die Absurditäten treten deutlich zutage!

## *Magic Estimation*

Vor einigen Jahren habe ich eine Migration begleitet: Ein Altsystem sollte durch ein System mit gleicher Funktionalität und neuer Technologie ersetzt werden. In dieser Situation hätte Planning Poker® für alle Backlog Items zu lange gedauert, um einen Überblick zu bekommen, wie viele Monate die Migration dauern wird. Daher haben wir im dritten Sprint Magic Estimation (Gloger, 2017) eingesetzt:

**Beispiel:** *Aus den ersten beiden Sprints und dem Planning für den dritten hatten wir eine grobe Idee unserer Umsetzungsgeschwindigkeit. Jetzt fehlte nur noch der*

*Gesamtumfang. Dazu haben wir uns am Montagvormittag mit dem Scrum Team und den Stakeholdern getroffen und die einzelnen Anforderungen nach nur kurzem Gespräch „aus dem Bauch heraus" den Zahlen des Planning Poker® als Kategorien zugewiesen. Schwierige Fälle wurden am Nachmittag in Extrarunden beraten und einsortiert. Um durch das ganze Product Backlog für die Migration zu kommen, haben wir das Verfahren am Dienstag, Mittwoch und Donnerstag wiederholt. Dann waren wir durch und hatten eine grobe Idee vom Umfang. Zusammen mit unserer Velocity, also der Umsetzungsgeschwindigkeit unseres Entwicklungsteams, konnten wir dem Vorstand mitteilen, dass die Migration nicht ein Jahr, sondern drei bis vier Jahre dauern wird. Daraufhin wurde der Umfang reduziert. Wir bekamen noch ein paar mehr Mitarbeiter ins Team. Es waren ja erst ein paar Wochen vergangen, und die Hürde, noch einzusteigen, war niedrig. Der Vorstand hat den Umsetzungszeitraum von 12 auf 18 Monate angehoben.*

Bei anderen Produkten haben wir Magic Estimation auch auf kürzere Zeiträume wie einem Tag oder wenige Stunden komprimiert. Je kürzer die zur Verfügung stehende Zeit, desto gröber die Abschätzung. Aber schließlich wollen wir das Produkt bauen und nicht im Wesentlichen über Zahlen diskutieren.

| 1 | 2 | 3 | 5 | 8 | 13 | 20 | 40 | 100 |

Anforderungen

## Magic Estimation

*Abb. 6: Schnelle Schätzung der Dauer durch Magic Estimation*

### *INVEST – Eigenschaften guter User Stories*

Weiter oben hatten wir gesehen, dass es drei Zutaten für User Stories braucht, die Karte, den ständigen Dialog und die Akzeptanzkriterien. Bill Wake (Wake, 2003) hat mit INVEST ein Akronym geschaffen, um auf Eigenschaften guter User Stories hinzuweisen:

### Independent

Die User Stories sollen konzeptionell unabhängig sein, damit die Product Ownerin sie in eine beliebige Reihenfolge bringen kann. Das bedeutet keine technische Unabhängigkeit! Technisch sind User Stories immer voneinander abhängig, weil sie ja zum selben Produkt gehören. Wenn zum Beispiel eine Anforderung eine Änderung an einer Datenbank beinhaltet und eine zweite Anforderung eine ähnliche Änderung, dann betrachtet das Team beide User Stories so, als gäbe es die andere nicht. Das erlaubt eine unabhängige Priorisierung der User Stories. Sogar die Entscheidung, eine von beiden nicht zu realisieren, hat dann keine negativen Auswirkungen.

**Negotiable**

Die User Story ist kein Vertrag über eine bestimmte Art der Umsetzung. Die Details werden während der Implementierung gemeinsam entschieden. Es gibt dann direkte Eins-zu-eins-Gespräche zwischen Developern und der Product Ownerin oder Stakeholdern über die Details der Lösung.

**Valuable**

Die User Story realisiert einen erkennbaren Wert für den Kunden und Benutzer. Das gilt auch, wenn wir User Stories kleiner machen, weil sie nicht in einen Sprint passen. Wenn unser Produkt wie ein Kuchen eine Schichtarchitektur hat, dann steht jede User Story für ein Kuchenstück inklusive der Kirsche obendrauf und nicht nur für den Boden, der für den Kunden keinen Nutzwert hat.

**Was ist mit technischen Themen?**
An dieser Stelle werde ich oft gefragt, wie man mit unvermeidlichen technischen Themen umgeht. Zum Beispiel muss die Datenbank irgendwann einfach auf eine neuere Version gehoben werden, wenn der

Hersteller den Support einstellt. Das schreiben wir als Product-Backlog-Eintrag einfach so in das Product Backlog rein: „Datenbank auf Version 14.5 migrieren". Natürlich ist das keine User Story. Aber niemand hat behauptet, dass wir immer User Stories verwenden müssen.

**Estimable**
Zu einer guten User Story haben die Developer eine Idee zur Umsetzung in Design und Architektur. Und damit auch eine grobe Idee von der zu investierenden Energie.

**Small**
Die gute User Story ist so klein, dass etwa sechs bis acht von ihrer Größe in einem Sprint vom Scrum Team realisiert werden können.

**Testable**
Das Scrum Team hat eine Idee, wie die Akzeptanztests aussehen. Wie wird der Benutzer mit der Funktionalität interagieren? In welchen seiner Workflows ist das eingebettet? Idealerweise wurden während des Product Backlog Refinement in einem automatisierten Testsystem schon fachliche Tests formuliert.

*Die Arbeit mit den Anforderungen ist ein Teamsport. Das Scrum Team braucht den ständigen Dialog mit Stakeholdern, Kunden und Benutzern, um zu allen Entscheidungen schnell Feedback zu bekommen. Ein nützliches Werkzeug dafür ist die User Story.*

## 3.3 Kundenzentrierte Produktentwicklung

Im vorherigen Kapitel haben Sie erfahren, dass es wichtig ist, zunächst den potenziellen Wert von Anforderungen zu hinterfragen, bevor sich die Developer mit einer möglichen technischen Umsetzung befassen. Doch wie finden Sie den echten Wert sicher heraus?

Das können Sie nicht herausfinden, bevor Sie das Produkt an Kunden verkauft haben. Und das dauert zu lange – die Product Ownerin muss früher Entscheidungen fällen. Unsere einzige Option ist, wie bei den Story Points, den Wert zu raten. Wenn die Product Ownerin allein aus ihrer Erfahrung rät, dann ist die Wahrscheinlichkeit größer, öfter danebenzuliegen, als wenn das Raten auf eine breitere Basis gestellt wird. Deshalb rät die Product Ownerin zusammen mit Stakeholdern und dem ganzen Scrum Team den Wert.

### Business Value Game

Wie beim Planning Poker® wollen wir die Stakeholder in einen Dialog bekommen. Eine Idee dazu ist das Business Value Game von Andrea Tomasini (Tomasini, 2007). Dabei wird einer bekannten Anforderung ein

Basiswert zugewiesen und dann relativ dazu diskutiert, ob eine neue Anforderung wertvoller oder weniger werthaltig ist. Andrea Tomasini schlägt eine Skala von 100, 200, 300, 500, 800, 1200, 2000 und 3000 vor. Wichtig ist wiederum nicht die Zahl – sondern das Gespräch. Die Product Ownerin benutzt das Kartenspiel, um Informationen aus den Köpfen der Beteiligten zu bekommen.

Ich habe in ähnlicher Weise auch schon Pokerchips benutzt. Dabei wurden Karten mit den Anforderungen auf einem sehr großen Tisch verteilt und dann Pokerchips darauf gestapelt. Der Product Owner war am Ende der Sitzung sehr glücklich, denn auf der Hälfte der Karten war kein Pokerchip und diese Anforderungen landeten ohne Umweg direkt im Mülleimer. Das hat den Fokus des Scrum Teams dramatisch erhöht.

Egal, welches Werkzeug man wählt – wichtig ist das direkte Gespräch zwischen Scrum Team und Stakeholdern. Sie können auch auf einem anderen Weg diesen Austausch anregen, wenn Karten oder Pokerchips nicht so gut zu Ihrer Firmenkultur passen.

### Kunden und Benutzer verstehen

Vielleicht ist die Product Ownerin sehr zufrieden mit den Ergebnissen ihrer Wertdiskussionen im Kreis der Stakeholder. Ehrlicherweise müssen wir aber feststellen, dass die Stakeholder alle nur aus ihrer Erfahrung und ihrem Wissen reden und agieren können. Unter Umständen entsteht so ein Produkt basierend auf den

Irrtümern einer Gruppe von Stakeholdern. Ein Erfolg im Markt wird das nicht.

Um dieser Falle zu entgehen, muss man sich bewusst machen, dass es eine ganze Reihe von kognitiven Verzerrungen gibt, denen wir Menschen nicht entkommen können. Drei Beispiele:

- **Confirmation Bias:** Menschen wollen ihre eigenen Überzeugungen durch andere bestätigt sehen. So werden vorliegende Informationen schon vorgefiltert und widersprechende Belege ignoriert.
- **Availability Bias:** Diese Verzerrung führt zu einem Überschätzen der Häufigkeit oder Wichtigkeit eines Ereignisses. Es fehlen Messdaten und so wird die eigene Erfahrung zum Maßstab. Und die eigene Erfahrung ist natürlich nicht repräsentativ.
- **Authority Bias:** Davor sollten sich gerade Führungskräfte hüten. Menschen überschätzen das Gewicht von Aussagen von Autoritäten und stellen dann unter Umständen das eigene Denken ein.

Deshalb braucht es in der Produktentwicklung ein ständiges Augenmerk auf die Product Discovery – damit wir nicht in einem Tunnel an der Realität vorbei ein großartiges Produkt entwickeln, das niemand braucht.

## Product Discovery

Product Discovery ist der Sammelbegriff für alle Aktivitäten des Scrum Teams, mit denen es sicherstellt, dass das richtige Produkt für die richtige Zielgruppe gebaut wird. Im Rahmen der Product Discovery setzen wir auf Beobachtung von Verhalten, sehen, was Menschen tun, hören ihnen zu und benutzen indirekte Methoden, um Verhalten festzustellen. Das stellt dann die Grundlage her, um über mögliche Lösungsideen nachzudenken. Ziel ist es, eine möglichst gute Überdeckung von Problem und Lösung zu bekommen. In Unternehmen mit sehr starken technischen Abteilungen und Bereichen habe ich immer wieder beobachten können, dass Lösungen entstanden, weil es möglich war, sie zu bauen. Das passende Problem wurde dann erst nach der abgeschlossenen Produktentwicklung von Marketing und Vertrieb verzweifelt gesucht.

**Product Vision Board**
Ein einfaches und gerne genutztes Werkzeug, um den Product-Discovery-Prozess zu begleiten, ist das Product Vision Board von Roman Pichler (Pichler, 2016). Unter dem Vision Statement mit dem Produkt-Ziel besteht das Werkzeug aus vier Spalten:
- Ganz links eine Spalte für die Kunden- oder Zielgruppen.
- Daneben stehen die Bedürfnisse dieser Zielgruppen. Oder in anderen Worten: Welche Probleme werden gelöst?
- Erst in der dritten Spalte geht es um die zugehörigen Lösungen. (Dem aufmerksamen Leser wird die Parallele zu den drei Elementen im Text einer User Story aufgefallen sein: *Als [Zielgruppe] möchte ich [Lösung], um [Problem loszuwerden].*)

- In der vierten Spalte finden die Geschäftsziele des Unternehmens Platz.

Das Vision Board ist ein ständiges Arbeitswerkzeug des Scrum Teams. Wir füllen es also nicht einmal aus, sondern es wird jedes Mal, wenn das Team etwas lernt, verändert, ergänzt und korrigiert. Es ist so ein lebendiges Echo des Product-Discovery-Prozesses.

### Annahmen über das Produkt validieren

Beim Raten des Wertes von Anforderungen durch die Stakeholder fließen bewusst und unbewusst nicht validierte Annahmen ein.

**Beispiel:** *Die Combots AG hatte von 2005 an drei Jahre Entwicklungsarbeit in ein Kommunikationsprodukt namens Combots gesteckt. Die Software stellt Kommunikationspartner als kleine Avatare auf dem Desktop dar. Das Versenden einer großen Datei passiert durch Drag and Drop auf den entsprechenden Avatar. Es wurde ein Internetshop für Avatar-Skins erstellt und Lizenzen für populäre Figuren wurden verhandelt. Das Geschäftsmodell basierte auf dem Verkauf der Skins. Letztlich hatte der Vorstand der Combots AG den teuersten Weg gewählt: Ein Hochleistungsrechenzentrum war in Betrieb, die Software war entwickelt, Marketingmaßnahmen bezahlt – doch anstatt Millionen von Nutzern zu haben, wurde die Software nur etwa 30.000-mal installiert. Das Nutzerfeedback war vernichtend. Ein Produkt, das nach dem Geschmack der Stakeholder gebaut wurde.*

Wie gehen wir mit möglichen Annahmen um? Eine Idee ist, die Lücken in folgendem Satz zu ergänzen:

- Wir vermuten, dass [...]. Als Test dafür [...]. Ob unsere Vermutung korrekt ist, erkennen wir an [...].

Für das Beispiel Combots hätte einer von sehr vielen notwendigen Tests von Annahmen so aussehen können:

- *Wir vermuten, dass Benutzer Avatare ihrer Kontakte auf dem Desktop platzieren wollen. Als Test dafür bauen wir einen einfachen Avatar für den Desktop, der mit einem Outlook-Kontakt verknüpft werden kann und beim Anklicken Outlook öffnet. Ob unsere Vermutung richtig ist, erkennen wir an den Reaktionen der Tester, die wir direkt nach der Installation einsammeln.*

Das Scrum Team lernt aus dem Test einer Annahme und überlegt dann, in welche Richtung dieser Test deutet. Weisen die Ergebnisse tatsächlich in eine Richtung? Wurde eine neue Kundengruppe entdeckt? Braucht es noch einen ergänzenden Test? Spannend sind vor allem Tests, die Annahmen widerlegen. Wenn alle Tests die Annahmen bestätigen, dann sollte ein Kritiker eingeladen werden, um beim Testdesign zu helfen, damit das Team etwas wirklich Relevantes lernt.

### Teamkapazität für Refinement
Jedes Scrum Team kombiniert Product Discovery mit Product Development. Dabei findet Product Discovery

aus der Perspektive von Scrum im Rahmen des Produkt-Backlog-Refinement-Prozesses statt. Wie viel Energie gerade in Discovery gesteckt werden muss, steuert die Product Ownerin durch ihre Priorisierung des Product Backlogs und die damit verbundene Klärung von Fragen. In der Scrum Community gibt es Empfehlungen, etwa 10 Prozent der Teamkapazität für den Refinement-Prozess zu reservieren. Ich habe aber auch schon mit einem Team 80 Prozent der Teamenergie in den ersten drei Sprints in Product Discovery investiert, weil es nur eine sehr grobe Idee vom Produkt und seinen Funktionen gab.

**30** *Beim Kick-off geht es unter anderem darum, das Produkt-Ziel herauszuarbeiten. Dies sollte gemeinsam mit den Stakeholdern, Kunden, Benutzern und dem Management geschehen. Das Produkt-Ziel dient dem Scrum Team als Leitstern.*

*Im ständigen Dialog wird sichergestellt, dass die Anforderungen klar sind. Ein hilfreiches Tool hierzu ist die User Story.*

*Erfolgreiche Produkte bedienen echte Kundenbedürfnisse. Es ist wichtig, Annahmen dazu strukturiert zu testen, um so ein realistischeres Bild zu bekommen. Der teuerste Test ist, das Produkt zu bauen und dann das erste Feedback vom Markt einzusammeln.*

# Scrum in der Praxis – Beispiele

Im Folgenden können Sie von Beispielen aus meinem Erfahrungsschatz profitieren: Wie funktioniert Scrum mit mehr als einem Scrum Team? Was ist mit Produkten, die nicht nur aus Software bestehen? Kann Scrum bei der Ausbildung helfen?

## 1. Scrum mit mehreren Teams

Meine ersten Erfahrungen mit Scrum habe ich 2003 bis 2004 bei der WEB.DE AG gemacht. Wir haben mit etwa 70 Beteiligten in monatlichen Releases ein Produkt erstellt. Das war lehrreich – und heute würde ich ziemlich viel anders machen.

Als Erstes braucht es für die skalierte Entwicklung *ein* Produkt-Ziel. Wenn wir drei Produkte vorliegen haben und drei Scrum Teams, die jeweils an einem der Produkte arbeiten, dann braucht man nur dreimal Scrum und keine Skalierung.

Zu dem *einen* Produkt-Ziel gehört die sehr ernst gemeinte Frage: Warum kann dieses Produkt nicht von *einem* Scrum Team gebaut werden? Wenn es absolut keinen Weg gibt, das Produkt mit einem Team zu bauen, dann empfehle ich, trotzdem mit nur einem Scrum Team zu starten und erst nach ein paar Sprints zu skalieren. Dann sind grundlegende Fragen der Produktarchitektur, der Entwicklungswerkzeuge und der

Zusammenarbeit schon in einer ersten Version gegeben und Sie müssen nicht im ganz großen Kreis bei null anfangen. Notwendige Veränderungen sind immer möglich!

Das Skalierungsmuster für bis zu acht Teams (für noch größere Set-ups siehe z. B. Larmann, 2017) ist wie folgt: Man nehme ein Produkt, ein Product Backlog und mehrere Scrum Teams, die sich eine Product Ownerin teilen. Die Developer verteilen sich so auf eine entsprechende Anzahl von Teams, dass sie theoretisch in der Lage sind, jede Anforderung umzusetzen. Rein praktisch klappt das meistens nicht perfekt – aber das ist das Grundprinzip. Wenn ein Team bei der Bearbeitung eines Backlog Items Hilfe braucht, dann helfen die anderen Scrum Teams gern.

Ein Sprint hat mit mehreren Scrum Teams fast die gleichen Events. Gestartet wird mit allen Mitarbeitern in einem gemeinsamen Sprint Planning mit der Definition des Sprint-Zieles. Anschließend ziehen die Scrum Teams so viele Backlog Items in ihr jeweiliges Sprint Backlog, wie sie vermutlich schaffen können. Der dritte Teil des Sprint Planning findet in den Scrum Teams statt. Wie gewohnt wird das Sprint Backlog mit den technischen Tasks angereichert.

Das Daily Scrum ist, wie sonst auch, ein Scrum Team Event. Zeit und Ort bestimmt das Team selbst. Die Product Ownerin arbeitet mit den Scrum Teams auch einzeln in der Backlog-Verfeinerung. Wenn Architektur und Design eines Backlog Items von einem Scrum Team besprochen wurden, kann diese Anforderung von jedem Scrum Team umgesetzt werden.

Abnahmen finden wie immer im Sprint statt. Meistens braucht die Product Ownerin dabei Unterstützung durch entsprechend befähigte Mitarbeiter. Sie sollte dabei nicht zum Flaschenhals werden. Am schnellsten laufen diese Prozesse, wenn die entsprechenden Mitarbeiter gleich im Scrum Team als Developer mitarbeiten.

Eine Abnahme führt zu einem neuen gemeinsamen Increment aller Scrum Teams! Das ist nur möglich, wenn es einen hohen Grad an Testautomatisierung gibt. Ohne diese zwingende technische Voraussetzung endet die skalierte Entwicklung im Chaos.

Am Ende des Sprints steht wie immer ein Sprint Review, das zum Beispiel wie ein Marktplatz mit Ständen zu Themengebieten gestaltet werden kann. Es ist kaum sinnvoll, zu versuchen, viele realisierte Backlog Items in eine zentrale Präsentation zu zwingen.

Mit der Sprint Retrospective im Scrum Team endet der Sprint. Hier kann die Product Ownerin natürlich nur an einer von vielen Retrospectives teilnehmen.

Von diesem grob skizzierten Skalierungsmodell gibt es verschiedene mit Namen versehene Varianten. Dazu gibt es eine Menge Literatur und ein breites Trainingsangebot. Einen ersten Überblick gewinnt man auch beim Advanced Certified ScrumMaster (A-CSM[SM]) Training der Scrum Alliance®.

Ich möchte zum Schluss einen wichtigen Punkt betonen: Um Scrum mit vielen Teams zu skalieren, muss man erst mal Scrum mit einem Team beherrschen.

## 2. Scrum in der Hardwareentwicklung

Immer wieder werde ich gefragt: Funktioniert Scrum in der Hardwareentwicklung überhaupt? Denken wir an den bereits in Kapitel 1 erwähnten Artikel „The New Advance Product Development Game" (Takeuchi, 1986), der die Grundlagen für Scrum beschrieben hat: Die untersuchten Produkte waren die Canon AE-1 Kamera, der FX-3500 Kopierer von Fuji-Xerox, der Personal Computer PC 8000 von NEC und drei weitere, die alle zum großen Teil aus Hardware bestehen.

Der Scrum-Prozess ist auch in diesem Bereich gut anwendbar. Die größte Herausforderung ist die Frage: Wie lassen sich bei Hardware sinnvolle Entwicklungsschritte bestimmen, sodass sinnvolles Feedback von Stakeholdern ausgelöst wird?

Ein Unternehmen, das wir begleiten durften, hat diese Herausforderung so gelöst, dass der Kunde direkt im Scrum Team integriert war. Jeder Entwicklungsschritt wurde schon beim Entstehen kritisch vom Kunden begleitet.

Dabei sind eine ganze Reihe von Praktiken notwendig, die Joe Justice, der prominenteste Vorreiter auf dem Gebiet, unter dem Begriff Xtreme Manufacturing zusammengefasst hat. Es handelt sich um eine Übertragung und Weiterentwicklung von Prinzipien, wie sie beim Xtreme Programming in Software realisiert werden. Dazu gehören unter anderem eine modulare Architektur, testgetriebene Entwicklung, kontinuierliche Integration und andere Ideen (Sammicheli, 2021).

Meiner Beobachtung nach scheitert die Anwendung von Scrum in der Hardwareentwicklung in der Praxis am häufigsten an den Glaubenssätzen der Beteiligten. In der Automobilindustrie erleben wir gerade sehr spannende Umbrüche, bei denen das Loslassen von Glaubenssätzen zu einer Überlebensfrage für Unternehmen wird.

## 3. Scrum in der Schule und Hochschule

**Hochschule:** Seit 2010 gebe ich zusammen mit Kollegen immer wieder Scrum-Trainings für Studenten der Hochschule Karlsruhe und auch an anderen Hochschulen im süddeutschen Raum. Ursprünglich in einem viertägigen Format von Montag bis Donnerstag, benutzen wir Scrum, um in drei kurzen eintägigen Sprints in Gruppen von fünf bis sieben Studenten ein Produktdesign mit dem Tool Balsamiq zu erstellen. Auf diese Weise wurden in jedem Semester sehr spannende Geschäftsmodelle entwickelt. Die Studenten arbeiten dann in Gruppen ein Semester lang an einem echten Problem, bereitgestellt von Partnerfirmen der Hochschule aus der Region.

Bei diesen Experimenten funktioniert das iterative Lernen – das Hinarbeiten auf die Lösung – sehr gut. Manchmal sogar mit spannenden, unerwarteten Erfah-

rungen, die in der Retrospective besprochen werden:
„Warum sind wir so unmotiviert? Was können wir tun,
um mit mehr Energie bei der Sache zu sein?"

Weniger gut funktioniert das Hineinfinden in die Verantwortungen Product Owner, Scrum Master und Developer. Denn oftmals wollen dann doch alle über das
Produkt bestimmen (Product Owner), alle wollen mit-
entwickeln (Developer) und keiner will für Struktur
und Ergebnisse in Besprechungen sorgen (Scrum Master). Natürlich gibt es auch positive Ausnahmen.

**Schule:** Beim Scrum Gathering 2012 in Atlanta nahm
ich an einer Session von John Miller (Certified Scrum
Trainer aus Kalifornien) teil, bei der wir live per Video-
konferenz in ein Grundschulklassenzimmer schauen
durften. Die Schüler zeigten uns ihre Lernthemen, an
denen sie in Vierergruppen mithilfe von Taskboards
arbeiteten. Am Ende einer Lernphase standen ein Review und eine Retrospective zu ihrer Zusammenarbeit.
Das war großartig.

Konzeptionell ist das unter dem Namen eduScrum® von
Willy Wijnands weiterbearbeitet worden. Der eduScrum®
Guide ist zum kostenlosen Download als PDF verfügbar
(eduScrum Team, 2020). Die Anwendung des Konzep-
tes ist nicht auf den Bereich der Bildung von Kindern
und Jugendlichen beschränkt. Auch für Studenten und
in der Erwachsenenbildung ist das eduScrum® Framework uneingeschränkt nützlich.

# 7 Erfolgsregeln für den Start mit Scrum

## 1. Klären Sie, ob Scrum das passende Framework ist

In Kapitel 1 haben wir gesehen, dass Scrum für die Produktentwicklung in komplexen Umgebungen gedacht ist. Stellen Sie mit den Beteiligten sicher, dass Sie nicht versuchen, ein einfaches Problem mit einem Werkzeug für komplexe Probleme zu lösen. Zusätzlich muss es im Unternehmen die Bereitschaft geben, die Werte von Scrum und des Agilen Manifests zu leben. Vielleicht braucht es da noch eine Lernkurve.

## 2. Bilden Sie alle Beteiligten in Scrum aus

Es reicht nicht, nur die Scrum Masterin auszubilden. Auch die Developer und der Product Owner müssen für Scrum trainiert und in ihren Rollen gecoacht werden, wenn sie noch wenig Erfahrung haben. Dies schließt für die Softwareentwicklung zum Beispiel auch technisches Entwickler-Coaching in Xtreme Programming ein.

Mit „allen Beteiligten" ist auch das den Rahmen gebende Management auf allen Ebenen gemeint. Genauso sollten Kunden und Benutzer ihre Verantwortung zur Mitwirkung begreifen. Ohne dieses Verständnis kann kein gutes Produkt entstehen, weil die Feedbackschleifen zum Markt nicht geschlossen werden.

### 3. Besetzen Sie die Verantwortungen

Ein Scrum Team braucht nicht nur Developer, die zu 100 Prozent ihrer Arbeitszeit im Scrum Team am Produkt arbeiten. Genauso braucht es eine Scrum Masterin, die zu 100 Prozent für ein Scrum Team da ist. Die höchsten Anforderungen stellt Scrum an den Product Owner: Er sollte zu 100 Prozent für das Produkt engagiert und von der Organisation ermächtigt sein, jede Entscheidung zum Produkt zu treffen. Schon Ersteres ist manchmal schwierig, viele Produkte scheitern aber vor allem daran, dass viele sogenannte Product Owner eigentlich nichts ohne Rücksprache entscheiden dürfen. Das verlangsamt die Entscheidungen und bremst die Produktentwicklung. Marktführer sind in ihren Entscheidungen etwa viermal schneller als die Unternehmen, die hinterherhecheln. Marktführer der Zukunft haben echte Product Owner. Details dazu finden Sie in Kapitel 2.

### 4. Führen Sie einen wirkungsvollen Kick-off durch

Versuchen Sie nicht, den Kick-off einzusparen. In die Entwicklung ohne Kick-off zu starten ist durch die zwangsläufigen Verzögerungen am Ende viel teurer. Wenn Sie schon ohne Kick-off gestartet sind, dann holen Sie ihn so schnell wie möglich nach. (Details zum Kick-off finden Sie in Kapitel 3.1.)

### 5. Etablieren Sie schnelle Feedbackzyklen

Es sollte mindestens auf drei Ebenen schnelle Feedbackzyklen geben:

- Innerhalb des Scrum Teams für eine schnelle Entwicklung mit höchster Qualität.
- Mit den Kunden und Benutzern für schnelles und zutreffendes Feedback zum Produkt.
- Und schließlich mit dem Management bis hin zur Geschäftsleitung, um Hindernisse am besten sofort aus dem Weg räumen zu können.

## 6. Stellen Sie Management-Support sicher

Das Scrum Team braucht die volle Unterstützung von *allen* Management-Ebenen, um Hindernisse sofort zu beseitigen. Nur dann entfaltet Scrum seine wahre Macht und wird zu dem entscheidenden Vorteil gegenüber den Mitbewerbern.

## 7. Feiern Sie Erfolge

Vergessen Sie nicht, die erzielten Erfolge mit dem Unternehmen zu feiern. Dann werden alle Mitarbeiter mit Begeisterung Ihre Scrum Teams unterstützen, um auch einen Anteil an den Erfolgen zu haben.

# Fast Reader

## 1. Was ist Scrum?

*Scrum basiert auf der Erfahrung aus der Entwicklung von Tausenden Produkten. Sein Einsatz ist immer dann sinnvoll, wenn ein komplexes Produkt entwickelt werden soll. Dieses Produkt kann eine Software sein, aber auch ein Gerät oder eine Dienstleistung.*

*Voraussetzung für die Anwendung von Scrum ist gegenseitiges Vertrauen zwischen Produktentwicklung und Management. Zudem sollte die Firmenkultur mit den Werten und Prinzipien vereinbar sein, die im Manifest für Agile Softwareentwicklung zu finden sind (https://agilemanifesto.org/iso/de/manifesto.html).*

**Zentrale Werte von Scrum sind:**
- **Offenheit: Zwischen dem Scrum Team und den Stakeholdern herrscht Transparenz im Umgang mit Informationen.**

- *Fokus: Das Scrum Team arbeitet fokussiert am Erreichen des Sprint-Ziels.*
- *Commitment: Die Einzelnen fühlen sich den Zielen des Teams persönlich verpflichtet.*
- *Respekt: Teammitglieder und Stakeholder gehen respektvoll miteinander um.*
- *Mut: Das Scrum Team entscheidet sich mutig dafür, das Richtige zu tun, um auch schwierige Probleme zu lösen.*

## 2.   Scrum heute

*Die aktuelle Definition von Scrum ist im Scrum Guide (https://www.scrumguides.org/) nachzulesen. Darin wird deutlich gemacht, dass jedes Element des Rahmenwerkes Scrum einem Zweck dient und wichtig für den mit Scrum erzeugten Wert und die Ergebnisse ist.*

*Die kleinste Einheit von Scrum ist das Scrum Team, bestehend aus Developern, Product Owner und Scrum Master. Das Team sollte nicht mehr als zehn Personen umfassen, innerhalb des Teams gibt es keine Hierarchie. Das Scrum Team ist dafür verantwortlich, das neue Produkt zu bauen und für den Kunden nutzbar zu machen, dafür zu sorgen, dass das Produkt einen größtmöglichen Wert erzeugt, und das Ganze möglichst effektiv zu gestalten.*

*Die Arbeit mit Scrum ist von verschiedenen Events geprägt: Der Sprint realisiert mit seinen Events Sprint Planning, Daily Scrum, Sprint Review und Sprint Retrospective schnelle Lernzyklen, um mit einem immer besseren Scrum Team ein immer besseres Produkt zu entwickeln.*

*Darüber hinaus gehören zu Scrum sogenannte Artefakte und Commitments: das Commitment Produkt-Ziel für das Artefakt Product Backlog, das Commitment Sprint-Ziel für das Artefakt Sprint Backlog, das Commitment Definition of Done für das Artefakt Increment.*

**Die Mitglieder eines Scrum Teams haben folgende Verantwortungen:**

- **Der Product Owner verantwortet, dass das richtige Produkt für den Markt gebaut wird.**

- **Die Developer verantworten, dass das Produkt entsprechend der Definition of Done Version für Version geliefert wird.**

- **Der Scrum Master verantwortet, dass das Scrum Team im Laufe der Entwicklung in schnellen Lernzyklen immer besser als Team zusammenarbeitet und dadurch eine immer höhere Produktivität erlangt.**

# 3.   Von der Vision zum Produkt

*Unerlässlich sind am Anfang der Arbeit mit Scrum ein Scrum-Training und eine gut moderierte Kick-off-Veranstaltung. Auch das Management sollte daran teilnehmen. Denn ist es wichtig, dass das Management bereit ist, auf allen Ebenen Hindernisse aus dem Weg zu räumen. Diese werden während der Entwicklungsarbeiten offensichtlich und sollten ohne Zeitverzögerung beseitigt werden.*

*Das Scrum Team erstellt zusammen mit den Stakeholdern, Kunden und Nutzern das Produkt-Ziel. In diesem Kreis befüllt es auch das Product Backlog. Das Scrum Team arbeitet in jedem Sprint so viele Product-Backlog-Einträge ab, wie es schaffen kann. Mit schnellzyklischem Feedback der Kunden, Nutzer und Stakeholder entsteht ein immer marktgerechteres Produkt. Gleichzeitig wird das Scrum Team durch die Begleitung des Scrum Masters in jeder Hinsicht immer besser im Liefern.*

**Es ist wichtig, zu verstehen, dass die Erzeugung von Anforderungen und deren Umsetzung einen ständigen Dialog erfordern:**

- **Im Product Backlog Refinement arbeitet das Scrum Team mit Stakeholdern, Kunden und Nutzern an einer besseren Version des Produktes.**

- *Im Sprint setzt das Scrum Team gemeinsam eine Anforderung nach der anderen um.*
- *Mithilfe des Sprint Review korrigiert das Scrum Team falls nötig die Entwicklungsrichtung des Produktes.*

# Der Autor

 Dr. Jürgen Hoffmann hat seit 2003 Erfahrung mit Agilen Methoden und Scrum. Er hat in verschiedenen Rollen in Branchen wie Automotive, Energie, Finanzen, IT & Internet mit Soft- und Hardwareentwicklung gearbeitet. Diese Erfahrung fließt in jeden Beratungsprozess ein. Heute arbeitet er als Geschäftsführer und Management Berater bei der Emendare GmbH & Co. KG, die er 2013 mitgründete. Als Certified Scrum Trainer (CST) und Certified Enterprise Coach (CEC) ist er Teil einer starken Gemeinschaft von über 400 Scrum Trainern und Coaches der weltweiten Scrum Alliance®, die in ständigem Austausch miteinander ihre Trainings und Beratungsideen kontinuierlich verbessern und um aktuelle Fragestellungen ergänzen.

*Kontakt:*
*Tel.: (0179) 104 52 41*
*E-Mail: info@emendare.de*
*www.emendare.de*

# Weiterführende Literatur

- Csíkszentmihályi, M.: Flow. Das Geheimnis des Glücks. 4. Auflage. Klett-Cotta, Stuttgart, 1995
- Cohn, M.: Agile Estimating and Planning. 1. Auflage. Prentice Hall, Upper Saddle River, 2005
- Cohn, M.: User Stories Applied: For Agile Software Development. 1. Auflage. Addison-Wesley, Boston, 2004
- Digital.ai: 14th annual State of Agile™ Report. 2020. https://stateofagile.com/#ufh-i-615706098-14th-annual-state-of-agile-report/7027494
- eduScrum® Team, Der eduScrum® Guide. 2020. https://www.eduscrum.nl/img/The_eduScrum_guide_German_2.pdf
- Greenleaf, R.: Servant-leadership: A journey into the nature of legitimate power and greatness. Paulist Press, Mahwah, NJ, 1977
- Gloger, B.: Dynamic Magic Estimation – Funktionalität schätzen 3.0. Blog, 2017. https://www.borisgloger.com/blog/2017/07/26/dynamic-magic-estimation-funktionalitaet-schaetzen-3-0
- Hoffmann, J., Roock, S.: Agile Unternehmen. dpunkt.verlag, Heidelberg, 2018
- Jeffries, R.: Essential XP: Card, Conversation, Confirmation. Blog, 2001. https://ronjeffries.com/xprog/articles/expcardconversationconfirmation/
- Larmann, C., Vodde, B.: Large-Scale Scrum: Scrum erfolgreich skalieren mit LeSS. dpunktverlag, Heidelberg, 2017

- Larsen, D., Nies, A.: Liftoff – Start and Sustain Successful Agile Teams. Second Edition. The Pragmatic Programmers, Raleigh, 2016
- Pichler, R.: Strategize: Product Strategy and Product Roadmap Practices for the Digital Age. Pichler Consulting, 2016
- Sammicheli, P.: Scrum for Hardware. LeanPub, 2021. https://leanpub.com/Scrum-for-Hardware
- Schwaber, K., Beedle M.: Agile Software Development with Scrum Prentice Hall, Upper Saddle River, 2002
- Schwaber, K., Sutherland, J.: Scrum Guide – Version November 2020. https://www.scrumguides.org/docs/scrumguide/v2020/2020-Scrum-Guide-German.pdf
- Stacey, R.: Strategic Management and Organisational Dynamics. 3. Auflage. Pearson Education, Harlow, 2000
- Takeuchi, H., Nonaka I.: The New New Product Development Game. Harvard Business Review, Boston, Januar–Februar 1986
- Taylor, F.W.: The Principles of Scientific Management. Dover Publications, New York, 1911
- Tomasini, A.: The Business Value Game. Berlin, 2007. https://www.agile42.com/media/documents/Business_Value_Game.pdf
- Wake, B.: INVEST in Good Stories, and SMART Tasks. Blog, 2003. https://xp123.com/articles/invest-in-good-stories-and-smart-tasks/

# Register